TRAVAUX PRATIQUES

D'UNE

CONFÉRENCE DE PALÉOGRAPHIE

A L'INSTITUT CATHOLIQUE DE TOULOUSE

TOULOUSE	PARIS
Édouard PRIVAT, Éditeur	Alphonse PICARD, Éditeur
45, Rue des Tourneurs, 45	82, Rue Bonaparte, 82

1892

TRAVAUX PRATIQUES

D'UNE

CONFÉRENCE DE PALÉOGRAPHIE

A L'INSTITUT CATHOLIQUE DE TOULOUSE

.P. di gra ruthenensis ecclesie minister humilis katholice ueritatis amicis & in xpo fidelib. salutem ⁊ oratione. Quod canonice factum nouimus. uobis notum esse. & ob diurne grę reuerentiam stilo memorie comendare curamus. Ad honorem namque auctoris omnium qui nos ecclę suę sce magis pdesse pcipit quam pre esse. que resecanda sunt resecare ⁊ que confirmanda sunt confirmare. quantum nos diuina gra inuerit nostri esse officii profitemur. Dum enim mole carnea detinemur. sic nos paci presentium futurorumque fidelium dignum est prouidere. ne libertas ecclarum xpi ipsius sanguine precioso parata sediciosis altercationib quandoque pullulantib disturbetur. Nec pacis diuturne causa conuenientior inuenitur. quam si exconcessione iusticie unicuique quod suum e conseruetur. Auctoritate igitur Aplica freti ⁊ comuni ruthenensis ecclę consilio sociati. donamus atque concedimus sco LEOVIGARIO. ebroilensis cenobii. & eiusdem loci fratrib tam presentib quam futuris. ecclam sce MARIE delongamiaco. ecclam deseueiraco. ecclam de cromeiras. ecclam sci martini. ecclam de dna. ecclam de marniaco.: As quippe ecclas pdicto cenobio libere concedimus & donamus. ⁊ quicquid cum eis predicti loci fratres in episcopatu ruthenensi sub pdecessorib nostris. usque ad nos in pace tenuerunt. ⁊ possederunt. iure tamen semp episcopali saluo. Vt autem impetratum hoc donum ratum maneat ⁊ inconcussum. sigillo nostro huius concessionis paginam pmunimus. cum assignatione corum qui psentes huic interfuere donationi ⁊ futuris & presentibus testimonii auctoritatem facturi.

+ Ego hugo ruthenensis ecclę archidiaconi.
+Ego Willmus ruthenensis ecclę archidiaconi.
+Ego gerald' rutę eiusdem ecclę archipbr ⁊ can...
+Ego Willmus ru... eiusdem ecclę archiprb ⁊ can...
+Ego Vgo ruth ecclę cantor ⁊ canonic

+Ego briano ruth ecclę canonic.
+Ego Vgo ruth ecclę canonic.
+Ego Doder ruth ecclesie sacrista & canonicus.
+Ego Petr' ruth ecclę canonic.
+Ego bnard' ... ecclę canonic.
+Ego .W. ru... ecclę canonicus.
+Ego raimond ruth ecclę canonic.
+Ego Cetor ruth ecclę canonic.

factum e autem hoc donum & ipsius con...ssio. IDVS IANRI. Luna. XXma. VIIma.
Anno Ab incarnatione dni. Mo Lo Co Xo Lo VI. EVGENIO PAPA. psidente rome. Lodouico quoque rege francorum. ⁊ eode Aquitanorum duce. Hoc etiam cdito pmanu ... ... ruthenensis ecclę CANCELLARI I.:

TRAVAUX PRATIQUES

D'UNE

CONFÉRENCE DE PALÉOGRAPHIE

A L'INSTITUT CATHOLIQUE DE TOULOUSE

TOULOUSE

ÉDOUARD PRIVAT, ÉDITEUR

45, Rue des Tourneurs, 45

PARIS

ALPHONSE PICARD, ÉDITEUR

82, Rue Bonaparte, 82

1892

PRÉFACE

———

J'arrivais à peine à l'Institut Catholique de Toulouse, il y a douze
ans déjà, pour y occuper la chaire d'Histoire Ecclésiastique, que
plusieurs de mes auditeurs, prêtres, me demandèrent d'ouvrir des
conférences de Paléographie. Cette initiative témoignait d'un vrai zèle
studieux. Mais elle devait se produire; car, à moins de s'enfermer
dans la période moderne, il n'y a pas, il ne peut pas y avoir d'étude
sérieuse de l'histoire, ecclésiastique ou civile, en dehors de la lecture
des documents inédits et du commentaire scientifique des textes qui
remplissent les recueils : la Paléographie apprend à lire les écritures
anciennes, elle prépare à l'intelligence des textes.

Ne devant pas me borner à cette affirmation sommaire, je voudrais
d'abord exposer quelques-uns des services que la Paléographie est
appelée à rendre au clergé, montrer ensuite comment la conférence de
Paléographie s'est peu à peu organisée à l'Institut Catholique de Toulouse, dire enfin un mot de ceux des nombreux textes, étudiés dans
nos exercices de lecture, qui ont paru dignes d'être mis au jour.

I

La Paléographie (παλαιός, γράφειν) est la science des écritures anciennes.
Prise dans son acception la plus générale, elle a donc pour but le
déchiffrement de toutes les écritures anciennes, qu'elles appartiennent
à l'antiquité ou au moyen âge ; elle embrasse les inscriptions, les monnaies, les sceaux et les manuscrits. Mais le déchiffrement des inscriptions, des monnaies et des sceaux a engendré les sciences particulières
de l'Epigraphie, de la Numismatique et de la Sigillographie. De fait, la
Paléographie ne s'occupe que de la lecture des pièces écrites sur parchemin ou sur papier, chartes et manuscrits. Réduite à cet objet particulier, elle peut être considérée comme un instrument de travail utile,
plein de promesses, particulièrement nécessaire au clergé.

Les pièces écrites sur parchemin ou sur papier, qui ne sont plus rares
à la fin du xiᵉ siècle, remplissent pour les siècles suivants les archives
publiques ou privées. On peut les distinguer en deux catégories : les
chartes proprement dites ou actes publics, et, parmi les actes publics,
les authentiques de reliques ; les manuscrits, et, parmi les manuscrits,
les livres liturgiques. Que beaucoup de chartes touchent aux intérêts
d'église, il suffit d'avoir une seule fois été mis en présence d'archives
anciennes pour en avoir été convaincu. Fondations d'obits, construction
d'une église, cessions de droits utiles, revendication de droits anciens,
tous ces actes qu'amenaient le mouvement d'affaires occasionné par la
richesse ecclésiastique, le développement des institutions d'église, et
le service religieux, voilà en général la nature des pièces qui s'y rencontrent. Beaucoup sont en original ; postérieurement on les a souvent réunies en volumes, pour en faire des cartulaires ou des registres :
cartulaires de monastères ou d'églises cathédrales, registres de con-
fréries ou contenant les règlements intérieurs d'une abbaye, les inven-

taires des reliques, du trésor de telle église, etc. Que ces chartes, prises isolément, présentent le plus sérieux intérêt, c'est certain : je n'en donnerai pour preuve que la charte de 1313, que l'on trouvera plus bas, sous le n° xxviii, et par laquelle les vicaires généraux de Rodez accordaient un délai aux habitants de Najac pour clore de murs leur cimetière. Les données qu'elle contient dépassent de beaucoup ce simple objet : l'évêque de Rodez est en ce moment légat du Saint-Siège en Terre-Sainte ; le synode diocésain a rendu un *Statutum* ordonnant de clore de murs les cimetières ; le diocèse a des visiteurs spéciaux. L'histoire de l'administration diocésaine n'a pas encore été tentée. Voilà un document important pour cette histoire dans le diocèse de Rodez (1).

Si les chartes ou pièces diverses ont été réunies, soit qu'elles forment un cartulaire ou qu'elles remplissent un registre, leur intérêt est plus que décuplé par leur collection même, leur suite chronologique et l'unité d'objet. La biographie peut s'y enrichir beaucoup. Grâce à ces pièces, des erreurs parfois graves sont redressées ; par exemple, le Cartulaire de Saint-Sernin de Toulouse a fait reconnaître dans la liste épiscopale de la ville la présence du pseudo-évêque Gosselin, qui ne fut qu'un évêque albigeois. Quelquefois ce sont des faits importants pour l'histoire générale qui s'en dégagent, par exemple, dans le Cartulaire

---

(1) On me permettra de citer et de reproduire une pièce de 1327 que j'ai déjà publiée : c'est la commission, donnée, le 27 juin de cette année, par l'official de Toulouse à Guillaume Amat, clerc du diocèse de Mende, pour régir l'école de Pouvourville (Haute-Garonne) : « Officialis Tholosanus dilecto nobis in Christo Guillermo Amati, clerico Mimatensis diocesis, salutem in Domino. Quia de tuis vita, moribus et scientia nobis laudabile testimonium perhibetur, te ad docendum pueros et ad regendum scolas de Populo villa sufficientem reputantes, regimen scolarum dicti loci de Populo villa in psalmis, alphabeto et gramaticalibus, et aliis scientiis de quibus fueris requisitus, licitis tamen et honestis et a iure permissis, nisi primo alii per nos datum fuerit vel concessum, a festo beati Johannis Baptiste proxime preterito ad unum annum continuum et completum, auctoritate nobis in hac parte concessa tibi tenore presentium concedimus et donamus, inhibentes et sub pena excommunicationis, ne aliquis toto dicto tempore presumat in dicto tibi concesso regimine perturbare seu etiam impedire ; ita tamen quod per te regas et doceas et non per aliquem alium substitutum. In cuius rei testimonium, nos officialis Tholosanus predictus sigillum curie archiepiscopalis Tholose hiis nostris presentibus litteris apponi fecimus et appendi. Datum Tholose, die sabbati ante festum beatorum Petri et Pauli apostolorum, anno Domini M° CCC° vicesimo septimo. Guillermus Vaquerii. » Arch. munic. de Toulouse, $\frac{8163}{6}$: Lay. 85. — Si on veut bien se donner la peine d'y regarder d'un peu près, on verra dans cette charte une page, et bien substantielle, de l'histoire de l'enseignement primaire dans le diocèse de Toulouse.

de Saint-Sernin, pour le citer encore, la part décisive que l'abbaye prit, au xiie siècle, dans la défense de la Navarre espagnole contre les Maures, l'idée même du droit en usage dans cette contrée. Enfin, les institutions y apparaissent toujours, soit qu'on les voie naître, soit qu'on les considère dans leur exercice et leur développement. Cette manifestation du passé a une valeur propre ; elle est très étudiée aujourd'hui, et avec raison ; elle l'emporte de beaucoup sur la biographie : car les hommes, quelle que soit leur action, disparaissent ; les institutions sont comme le sol dont les générations se nourrissent.

Si, parmi ces pièces, on prend la série des authentiques ou des inventaires de reliques, il sera encore moins nécessaire d'insister sur leur importance. Il n'est pas de reliquaire ancien avec reliques qui ne contienne une pièce les authentiquant, simple languette de parchemin ou procès-verbal de visite. C'est le chaînon solide de la chaîne qui nous relie à un culte ancien, à une vénération séculaire pour telle relique en particulier. Quelle n'est pas notre déconvenue, quand ces précieux parchemins manquent ! mais aussi quel avantage de les avoir, de les lire, d'en tirer une donnée ancienne ! On en a lu qui remontent à l'époque des rois francs.

Les manuscrits proprement dits, loin de le céder en intérêt aux chartes ou papiers d'archives, offrent encore plus d'attrait. Au point de vue spécial où l'on s'est ici placé, on peut les distribuer en trois classes : les livres liturgiques, les statuts synodaux, les livres proprement dits.

Les livres liturgiques en usage avant l'imprimerie étaient fort nombreux : *Officiarium, Ordinarius, Missale, Collectarium, Epistolarium, Evangelisterium, Mixtum (Mixtum dominicale, Mixtum sanctorale), Tropiarium, Prosarium, Breviarium, Sanctorale, Capitularium, Responsorium, Rituale, Liber sacramentorum, Diurnale, Processionale, Lectionarium, Liber processionum, Passionarius, Antiphonarium,* etc. Passons, si l'on veut, sur les Évangéliaires et les Épistoliers, qui n'étaient, en général, que le recueil des Évangiles et des

Epîtres du dimanche et des fêtes. Mais les *Ordinarii* représentent quelquefois la physionomie liturgique d'une église, si l'on peut ainsi parler, comme, par exemple, l'*Ordinarius* de l'église d'Elne, aujourd'hui Perpignan, rédigé sous l'évêque Guillaume d'Ortaffa (1207-1209) (1). Les Bréviaires, les Sanctoraux, les Prosaires contiennent des faits liturgiques dignes d'être retenus : fêtes locales, poésies, légendes des Saints. Sans doute, les premiers bréviaires imprimés réflètent le moyen âge. Cependant il est permis de penser qu'une voie sûre, pour reconstituer un Propre diocésain, est de recourir aux bréviaires du xiiie et du xive siècle. Que de révélations ils tiennent dans le secret de leur écriture menue, chargée d'abréviations, riant sur la ligne dissimulée des folios jaunis ! Il arrive parfois que ces livres liturgiques sont de vrais objets d'art avec leurs lettres ornées, leurs miniatures rendant tous les mouvements des cérémonies sacrées, leurs rinceaux s'allongeant sur les marges et embrassant, de leurs lignes capricieuses et pleines de grâce, la prière des Saints.

Les statuts synodaux, rédigés au moyen-âge, nous sont parvenus en plus grand nombre qu'on ne croirait tout d'abord. Par exemple, sans sortir de notre région, on peut citer les statuts synodaux de Bernard Gui, de 1325, pour le diocèse de Lodève (2); ceux de Bertrand de Cardailhac, de 1336, pour le diocèse de Cahors (3); ceux de Dominique Grima, de 1342, pour le diocèse de Pamiers (4); ceux de Bertrand d'Ornezan, de 1382, pour ce même diocèse (5); ceux de Guillaume de Vaudes pour le diocèse d'Elne, du 23 avril 1524 (6).

La série des synodaux du diocèse de Rodez (xiiie-xve siècle) a droit à une place d'honneur, à cause de leur nombre, à cause aussi de leur contenu. Pour me borner, je ferai remarquer le statut sur les

---

(1) *Bibl. publ. de la ville de Toulouse*, Manusc. 121
(2) *Bibl. de la ville de Montpellier*, Manusc. 29.
(3) Manuscrit appartenant à M. Greil, de Cahors.
(4) *Bibl. publ. de la ville de Toulouse*, Manusc. 402.
(5) *Ibid*. Voyez plus bas, n° xxxvi.
(6) *Bibl. de Perpignan*, Manusc. 70, fol. 82.

Juifs du synodal de Raymond de Calmont (1274-1298) (1) et le statut relatif à l'excommunication que les curés pouvaient fulminer (2) et qui était de droit public ecclésiastique. L'historien ne saurait se borner aux principes généraux de la législation. Leur application l'attache bien davantage, parce que les faits proprement dits sont l'objet propre, direct, premier de ses recherches.

Au surplus, il arrive parfois qu'on trouve à la suite d'un synodal des extraits d'un synodal appartenant à un diocèse voisin. Ces extraits empruntent à cette circonstance un intérêt régional : car ils nous

(1) « Quoniam frequenter ex simplicitate et ignorancia sacerdotum illorum precipue quibus animarum cura committitur, plura emergunt pericula in collatione sacramentorum et regimen animarum, ideo nos R⁰ˢ, miseratione divina episcopus Ruthenensis, cum nostri capituli concilio et assensu, quedam super hiis utilia et necessaria, in hoc libro cynodali sub compendio tradimus. » Fol. I.

« De Judeis statuimus ut in civitate et castris et aliis locis insignibus et non in aliis habitare permittantur, et quod omni tempore in medio pectoris rotam portent, ut per hoc a christiano populo discernantur ; et in diebus lamentationis et Dominice passionis in publicis non procedant, nec occasione puerorum suorum vel alia qualibet causa in suis domibus nutrices aut servientes teneant christianos, nec in diebus dominicis et festivis presumant publice operari, nec carnes suas vendant vel eas comedant publice in XLᵃ, seu aliis diebus in quibus ab esu carnium abstinent christiani ; et qui contra hoc fecerint, christianorum participatio in comerciis et aliis, eis usque ad satisfactionem congruam denegetur.

« Illud quoque precipimus ne carnes refutatas a Judeis vendant aliquod (sic) christianorum ; et ut omnes christiani vitent convivia Judeorum, nec illos ad sua convivia christiani admittant ; nec Judeorum azima comedant, nec cum eis in eisdem domibus habitent ; in eodem balneo non se lavent ; nec tempore infirmitatis sub Judeorum cura se ponant, nec ab eis recipiant medicinam ; nec super christianos bailliviam vel alia publica officia permittantur habere. » Fol. LXIIIᵉ. — *Archiv. de l'Areyron*, G. 48.

(2) « Omnibus autem rectoribus et sacerdotibus parrochialibus et eorum vicariis districtissime prohibemus, ne in aliquem e[x]communicationis, interdicti, vel suspensionis sententiam proferre presumant sine nostra vel officialis nostri vel superiorum nostrorum licentia speciali. Et si forte nos vel officialis noster, vel alius superior nobis, eis specialiter duxerimus committendum, quod per censuram ecclesie compellant aliquos ad aliquid faciendum, caveant diligenter quod ex causa rationali et trina monitione premissa vel una perhemtoria pro omnibus, illa sententia sive generaliter sive specialiter proferatur ; in scriptis proferant, et in illo scripto cauzam quare illam proferunt expresse conscribant, et eam scriptam in manibus teneant, et eam legant, et transcriptum illius scripture tradant illi contra quem lata est, infra mensem ex quo fuerint requisiti. Et si aliter ferant dictam sententiam, ab ingressu ecclesie et divinis officiis suspensi sunt ipso iure, et illius contra quem lata est ad interesse tenentur.

« Sententia vero formari poterit in hunc modum :

« Cum ego P., rector seu capellanus talis ecclesie, auctoritate commissionis michi facte per talem, canonice monuerim talem militem, ut de talibus decimis satisfaceret tali ecclesie, et non curaverit obedire, ideo propter eius contumatiam in hiis scriptis suppono ecclesiastico interdicto ; et si per octo dies interdictum sustinuerit, ex nunc ut ex tunc in hiis scriptis excommunico.

« Si vero sententia in generali sit ferenda, dicatur sic : Cum ego P., rector vel capellanus talis ecclesie, monuerim in tali ecclesia omnes generaliter, ut quicumque fecit tale furtum vel ignem apposuit satisfaceret primum talem diem iam elapsum, et nullus satisfecerit, ideo illum qui predicta fecit suppono interdicto ecclesiastico ; et si per octo dies interdictum sustinuerit, ex nunc ut ex tunc illum excommunico. » Fol. LIᵉ.

mettent en présence de préoccupations communes. C'est le cas du synodal de Rodez. A la suite, on a transcrit des extraits du synodal de Bernard de Castanet, évêque d'Albi (1275-1308); parmi ces extraits, il faut noter le statut relatif aux curés faidits, favorables aux albigeois (1), toujours répandus, et le mandat de l'official sur la perception des dîmes (2), qui fut une des grandes difficultés que l'Eglise rencontra, dans le midi de la France, au xiiie et au xive siècle.

Il est à peine besoin de faire remarquer que pour écrire l'histoire, diocésaine, il faut de toute rigueur consulter les statuts synodaux. D'abord, ils montrent dans quel esprit le clergé a été dirigé, gouverné par les évêques; ensuite, ils sont souvent accompagnés des titres diocésains, de l'énumération des fêtes chômées qui étaient de droit public, et de l'état des églises du diocèse; cet état permet d'établir et d'étudier les rapports entre l'autorité épiscopale et les « corps » constitués, chapitres, monastères, collégiales, en possession de d roits séculaires constituant leurs privilèges. A ce genre de documents, se rapportent les instructions données au clergé par les évêques, formant un livret qui était comme le *Vade-mecum* dont chaque prêtre devait se munir. Nous en avons un exemple dans l'opuscule resté inédit de

(1) « Hec sunt statuta domini B., boue memorie episcopi Albiensis, de capellanis faiditis :
« Statuimus de capellanis faiditis, quod in locis illis in quibus audient ipsi capellani comorari, nullus alius capellanus intret eorum loca seu parrochias ad sacramenta ministranda, nisi de ipsorum capellanorum hoc facerent voluntate, vel pro necessitate, videlicet in casibus necessariis; et tunc qui hoc facerent iuiungant ipsis infirmis, quod postquam convaluerint se presentent capellano; et si quis capellanorum contra hoc venire presumpserit, ipso facto ab officio sit suspensus, alias nichilominus prout visum fuerit puniendus. » Fol. LXXVIIa.

(2) « Officialis curie Albiensis universis et singulis rectoribus, vicariis et capellanis vel eorum loca tenentibus ecclesiarum diocesis Albiensis, ad quos presentes littere pervenerint, salutem in Domino sempiternam. Cum, prout sinodalia statuta declarant, illi qui decimas contra voluntatem ecclesie retinent in canonem incidunt excommunicationis sententie promulgate, sintque nonnulli in nostris parrochiis, qui propter retentionem decimarum canapis et feni et roge, quas contradicunt solvere, tanquam collectoribus decimarum domini nostri episcopi, que nobis ipsis prout ad ipsum et nos spectare noscuntur, et ex hoc dicta ligati sententia in eorum mortem obdormiunt, quia per confusionem salubrem vitationis et nominationis publice ad exitationem debitam non pulsantur, vobis et cuilibet vestrum districte precipiendo mandamus, quatinus omnes et singulos quos in vestris parrochiis scietis publice tales esse, vitetis et nominatim publicetis in ecclesiis vestris singulis diebus dominicis et festivis, facientes eos tamdiu etiam ab aliis evitari, donec ad cor redientes, per satisfactionem debitam mercantur absolutionis beneficium obtinere et..... r e periti s in mandatis. Datum Albie, IIIIo nonas augusti, anno Domini M. CC. LXXX. tercio. Reddite litteras sigillatas. » Fol. LXXXd.

B. Gui, qu'il publia à peine arrivé à Lodève sous le titre : *Libellus brevis et utilis de articulis fidei, cum quibusdam aliis annexis in fine, et sacramentis Ecclesie et preceptis Decalogi, pro rectoribus et curatis ecclesiarum nostre diocesis ad erudiendum plebes sibi commissas* (1). On peut y voir l'utile et curieux complément des statuts diocésains. De fait, le *Libellus* a été, dans le manuscrit de Montpellier, mis à la suite du synodal (2).

Les livres encore inédits s'adressent à un plus grand nombre d'esprits. Ils traitent de bien des matières qu'il serait inutile de songer à énumérer. On peut signaler spécialement les travaux des scolastiques, les commentaires sur l'Ecriture Sainte, nombreux déjà à la fin du xiiie siècle, les vies de saints, les recueils de sermons et les œuvres d'un caractère exclusivement littéraire. La philosophie scolastique est loin d'avoir dit son dernier mot. L'histoire de la théologie reste à faire. Personne encore n'a songé à décrire les études bibliques à partir du xiiie siècle, c'est-à-dire de l'époque où elles s'organisèrent. Que de sermonnaires du xive et du xve siècle, dont l'analyse méthodique nous ferait saisir sur le vif l'état religieux et social de l'époque ! Pour exprimer ma pensée sous une forme pratique, que de sujets de thèse les nombreux licenciés qui ont fréquenté les cours de l'Institut Catholique de Toulouse y trouveraient !

Il ne faudrait pas négliger les manuscrits des auteurs, Pères de l'Eglise ou autres, dont les œuvres ont déjà été publiées, sous le prétexte que le travail a été fait et bien fait, et qu'ici il n'y a rien à attendre. Le Dr Schepss a bien découvert les œuvres de Priscillien (3). Le Dr Huffer a bien mis la main sur une partie de la correspondance de saint Bernard (4). D'ailleurs tout le monde sait que les éditions des Pères, conduites cependant avec tant de soin et de science par les

---

(1) *Bibl. publ. de la ville de Toulouse,* Manusc. 118.

(2) Fol. 88 B au fol. 110.

(3) Elles forment le tom. xviii du *Corpus scriptorum ecclesiasticorum latinorum* publié à Vienne ; il a paru en 1889.

(4) *Der heilige Bernard von Clairvaux.* In-8°, Munster, 1886.

Bénédictins, ne réalisent pas absolument l'idéal de la critique textuelle. Les manuscrits de leurs œuvres restent un champ ouvert au zèle studieux du clergé.

Voilà l'idée, rapide et bien imparfaite, du trésor historique et littéraire que contiennent les archives et les bibliothèques publiques ou privées. Tout le monde serait heureux, NN. SS. les Evêques plus que personne, que le clergé utilisât cette richesse et cette force. La preuve en est dans les instructions qui ont été adressées au clergé de la plupart des diocèses à l'effet de classer, d'utiliser pour des monographies paroissiales, ou de signaler tout au moins les documents qui se rencontrent encore dans les églises. Les résultats n'ont pas été toujours ce que l'on attendait. C'est qu'il ne suffit pas de jeter les yeux sur un document ancien pour en porter une appréciation compétente. Comment le comprendre, si on ne sait pas le lire? Assurément aussi, lire n'est pas comprendre. Mais il reste que la Paléographie est la clef sans laquelle on ne pénètrera jamais dans le trésor tant envié et avec tant de raison.

Qu'il s'agisse donc, dans un intérêt général, de reconstituer les archives diocésaines et paroissiales, l'initiation Paléographique est indispensable. Qu'il s'agisse, dans un intérêt particulier, qui dans un prêtre devient vite général, de se livrer à des études spéciales, la Paléographie se présente comme un utile auxiliaire, comme un instrument de travail riche en promesses, et souvent, sinon toujours, indispensable aussi. Elle met le prêtre en mesure d'occuper très utilement son loisir, pour son profit et le profit de tous.

II

Pour si grande que me parût l'importance de la Paléographie considérée comme un instrument de travail, je ne répondis pas tout de suite aux désirs de nos étudiants. La Paléographie, qui ménage au chercheur tant de jouissances, a des débuts austères. Je crus devoir attendre. Je cédai enfin à leurs désirs réitérés. C'eût été manquer le but, quel que fût leur zèle, que de les mener sans autre initiation aux archives départementales pour leur confier la lecture d'une charte, ou de les mettre en présence d'un manuscrit. La valeur des abréviations ne se devine pas ; il importe, au contraire, d'avoir toujours une lecture raisonnée, certaine, appuyée sur un heureux accord de l'expérience et des règles qu'elle a permis d'établir. La conférence eut cependant des débuts plus que modestes. La Bibliothèque de l'Institut Catholique nous fournit un petit fonds de chartes : elles servirent pour nos premiers exercices. Après ma leçon d'histoire ecclésiastique, que je faisais alors le samedi, à deux heures de l'après-midi, j'installais une de ces chartes sur le tableau noir ; les étudiants se plaçaient autour et nous la lisions ensemble. J'expliquais chaque abréviation à proportion. Difficilement on aurait imaginé un procédé moins compliqué, une méthode plus rudimentaire. Cependant chacun y prit intérêt. Ces leçons si élémentaires donnèrent des résultats : les quelques étudiants qui les suivirent prirent goût à la Paléographie ; cette première initiation leur donna l'amour du document.

Le gros de nos étudiants se renouvelle tous les deux ans. Il fallut donc recommencer. Mais tandis que, tout d'abord, ces exercices suivaient le cours d'histoire du samedi et ne s'adressaient par conséquent qu'aux étudiants en théologie, il fallut songer à trouver une heure qui convînt à tous. Bien entendu, la conférence de Paléographie restait libre ; elle ne devait en aucune manière ralentir l'activité des cours réguliers et obligatoires. Je convoquai dans mon appartement, pour l'après-midi du congé des jeudis, les paléographes en herbe. Le dirai-je ? le professeur n'attendait que quatre ou cinq étudiants, les plus résolus. Dix se présentèrent. Je pouvais, aussi bien, offrir un sérieux attrait à leur curiosité studieuse. Le Cartulaire de Saint-Sernin, que j'avais eu en communication de M. l'abbé Albouy, curé de la paroisse, fut mis sous leurs yeux, lu en partie et commenté. Dans l'intervalle, j'avais fait sortir de l'armoire où elle dormait, une liasse de chartes vraiment curieuses, entrée depuis longtemps à la Bibliothèque de la Société archéologique du Midi de la France. Mises à ma disposition, elles nous ont servi beaucoup. La grande étendue des dates (xie-xve siècle), la variété des écritures, toutes cursives, les objets fort divers contenus dans ces pièces, nous permirent d'élargir la base de nos exercices. Un jeune officier fort aimable, instruit, qui a une main aussi habile que les meilleurs scribes du moyen âge, M. de Hoÿm de Marien, nous apportait le sérieux appoint de ses observations et de son expérience ; il dessina les deux sceaux de la charte de Najac, n° xxiii. Un Père Dominicain, professeur au couvent, le P. Paban, se joignait à nous. Il ne tarda pas à être suivi d'un autre religieux de son ordre.

Notre outillage restait cependant très simple. A l'aide d'un chevalet, une charte était mise sous les yeux de tous ; je désignais un étudiant qui la lisait à haute voix ; puis ce furent les fac-similés de l'Ecole des Chartes, les fac-similés du Musée des archives départementales, et les manuscrits que la Providence nous envoyait, notamment ceux du Château de Merville, que Mme la Comtesse de Villèle voulut bien laisser longtemps à ma disposition.

Pendant tout un hiver et tout un printemps, le zèle ne se ralentit pas, si bien que j'en vins à me reprocher de priver d'une promenade nécessaire nos étudiants soumis à un régime d'études forcées et dont plusieurs avaient une santé chancelante. L'année suivante, la conférence fut donc placée au dimanche, à dix heures et demie. M. l'abbé Julien, curé de la Dalbade, qui préparait alors l'histoire de son église et de sa paroisse, y assistait assidûment. Mˢʳ le Recteur de l'Institut Catholique, comprenant l'utilité de ce cours, avait fait reproduire plusieurs chartes par la photographie. Dans une salle de cours, la même charte pouvait ainsi être mise sous les yeux de tous. La lecture était donc facilitée. Le professeur s'était d'ailleurs imposé la tâche d'exposer au tableau noir tout le système des abréviations du ixᵉ au xviᵉ siècle, et aussi de faire connaître les différentes écritures en usage chez les copistes. Les chartes ainsi lues appartenaient toutes au Midi de la France. Les fac-similés des classiques latins intéressaient plus particulièrement les étudiants des lettres. Il est bon, en effet, qu'ils aient une idée des manuscrits principaux sur lesquels les éditions savantes des classiques ont été faites. Les fac-similés publiés par M. Émile Chatelain rendent ce service, à la condition, cependant, que le professeur leur permette, par des explications nécessaires, de franchir l'intervalle qui sépare un manuscrit du xiᵉ ou du xiiᵉ siècle d'un manuscrit du ivᵉ ou du vᵉ siècle.

La conférence de Paléographie, toujours libre, autant du côté du professeur que du côté des étudiants, poursuivait sans ambition et sans bruit ses destinées; elle se serait peut-être reproché les longues pensées. Mais depuis deux ans, un élément un peu inattendu est venu lui donner du renfort. Mᵍʳ de Cabrières, évêque de Montpellier, et Mᵍʳ Bourret, évêque de Rodez, ont chacun envoyé à l'Institut un prêtre pour y étudier uniquement la Paléographie et l'histoire. Est-ce à moi de dire combien cette initiative est heureuse ? Un diocèse n'a jamais trop de prêtres instruits, on peut dire même qu'il n'en a jamais assez, parce qu'il faudrait que tous les prêtres fussent en état de représenter avec distinction le travail de la pensée humaine. En tout cas, un diocèse n'a jamais trop d'hommes laborieux, trop de spécialités, trop de forces intellectuelles. Le champ de la science s'étend tous les jours; tous les jours on voit se créer de nouvelles provinces ouvertes à toutes les activités. A aucune époque, le clergé ne s'est désintéressé du travail scientifique, la curiosité de l'esprit y poussant tous les hommes ; et les hautes études ont fini par l'emporter. L'histoire, d'ailleurs, n'est pas une science nouvelle, pas plus que la recherche, l'érudition, l'étude des textes n'appartiennent aux races réputées plus patientes, aux Allemands en particulier. Y songe-t-on bien ? La grande érudition a été française avant d'être allemande. Elle est née sur notre sol national : au xviie et au xviiie siècle elle a produit des chœfs-d'œuvre. Voudrait-on donc laisser aux Allemands le soin d'écrire notre histoire religieuse et littéraire ? Aussi bien, un curé qui aime l'étude s'attache par là même davantage au soin des âmes. On l'a dit avec raison : un prêtre doit être ou saint ou bénédictin. L'étude, qui est une part essentielle de sa vocation, lui donne des facilités singulières pour remplir l'autre part, qui est la première. Aux heures où l'étude apparaît comme un sûr refuge, on se trouve heureux d'avoir un instrument de travail permettant de lire, d'après une méthode rationnelle, les vieux monuments, et de se débrouiller dans un passé obscur que l'on désire connaître. Car, je mets en fait que plus on avance dans la vie, plus l'histoire, c'est-à-dire l'étude de l'homme, gagne en intérêt et en valeur.

Je voudrais n'oublier aucun des étudiants qui, depuis l'année 1883, ont suivi la conférence de Paléographie. Ce sont :

MM. Boussac, du diocèse de Mende ;

    Samiac, du diocèse de Pamiers ;

    Hermet, du diocèse de Rodez ;

    Gros, du diocèse de Pamiers ;

    Degert, du diocèse d'Aire ;

    Bony, du diocèse de Rodez ;

    Delpon, du diocèse de Cahors ;

    Bosc, du diocèse de Montauban ;

    Combret, du diocèse de Toulouse ;

    R. P. Paban, des frères Prêcheurs ;

xviij

MM. R. P. Montagne, des frères Prêcheurs ;

Goulard, du diocèse de Périgueux ;

Labit, du diocèse de Rodez ;

Campistron, du diocèse d'Auch ;

Deveilles, du diocèse d'Albi ;

Julien, du diocèse de Rodez ;

Cassan, du diocèse de Montpellier ;

Charbonnel, du diocèse de Mende ;

Chincholle (Théophile), du diocèse de Rodez ;

Delbrel, du diocèse de Périgueux ;

Domergue, du diocèse de Rodez ;

Encontre, du diocèse de Rodez ;

Granier, du diocèse d'Albi ;

Marican, du diocèse de Rodez ;

Puget, du diocèse d'Albi ;

Saleil, du diocèse de Rodez ;

Séguret, de la Congrégation de Saint-Viateur ;

Verlaguet, du diocèse de Rodez.

Je ne ferai pas l'éloge de leur bon esprit, ni même de leurs travaux. Ils seraient surpris qu'on y attachât de l'importance. Ils ont, du moins, soutenu les efforts du professeur, qui les en remercie.

Grâce à cette conférence, il s'est fait un assez grand travail de lecture, et de copie, par conséquent ; car je considère que la transcription est le moyen vraiment efficace pour se rendre compte des difficultés et les vaincre et aussi pour se rendre maître du contenu d'un manuscrit. Par exemple, le P. Paban a transcrit une œuvre pieuse ayant pour titre : *Pia meditatio cuiusdam monachi Cisterciensis ordinis de eo quod ibat in Bethleem natum videre Dominum*, contenue dans un manuscrit du xvᵉ siècle dont j'ai fait l'acquisition ; il a transcrit aussi un registre de la Daurade du xvᵉ siècle, contenant des inventaires importants et curieux. M. l'Abbé Cassan n'a cessé, pendant deux ans, de s'appliquer à la copie de chartes de toute nature du xie au xve siècle. Il a lu avec moi les lettres du fonds de Fourquevaux et les Actes des chapitres des frères Prêcheurs, qui sont à l'impression. Il a fait des recherches sur l'abbaye d'Aniané ; et il a collationné le premier volume du Cartulaire de Bonnecombe (xiie et xiiie siècle), dont M. l'Abbé Verlaguet a déjà terminé la copie. Le travail de celui-ci ne s'est pas borné à ce Cartulaire, qui l'intéresse plus particulièrement. Les chartes qu'il a recueillies remplissent déjà un cahier et il a fait un joli morceau de la copie de l'*Instrument* de la prise de possession, en 1334, par la première abbesse du monastère de Lévignac (Haute-Garonne), de la terre et des biens donnés par Titburge de l'Isle, comtesse de Lévignac, pour la fondation de ce monastère. Cet Instrument ne mesure pas moins de 8 mètres en longueur sur 0^m68 en largeur. La collation, quelquefois intégrale, d'autres fois des passages les plus difficiles seulement, s'est faite sous les yeux du professeur. Le dernier mois de l'année qui se termine a été consacré en partie à la collation, sur le texte publié par les Bénédictins (1), d'un nouveau manuscrit du récit roman en prose de la Guerre des albigeois, lequel m'a été communiqué par M. Ant. Du Bourg, aujourd'hui bénédictin de Ligugé.

Les autres étudiants, du moins ceux de cette année, bien qu'absorbés par des études difficiles, ont également fait des transcriptions, nécessairement moins étendues. Le travail personnel de la semaine a consisté dans la copie d'une charte, latine ou romane, reçue de la main du professeur. C'est ainsi que je puis présenter comme étant leur œuvre les textes qui composent cette publication, pour laquelle ils réclament toute l'indulgence du public érudit.

---

(1) *Hist. de Languedoc,* tom. VIII. Ed. Privat.

III

On a fait un choix parmi les nombreuses pièces et les manuscrits, qui ont été lus, soit en commun pour la plupart, soit en tête-à-tête avec le professeur dans des conférences particulières. La variété des écritures et des fonds auxquels on les 'a empruntées, la nature des documents, l'intérêt qu'offre chacun d'eux : telles sont les considérations dont on s'est inspiré dans ce choix. Le commentaire de ces pièces, au cours de nos conférences, n'a cessé de rester sobre. Il ne convenait pas d'entrer dans des développements historiques, qui auraient dépassé le but. L'explication littérale des expressions plus particulières, l'identification des noms de lieux, la chronologie, de temps à autre une notion sommaire de tel ou tel principe de diplomatique, c'est à ces indications très simples, mais obligatoires, que ce commentaire s'est borné. Publiant, à titre d'*exempla*, les pièces et les extraits de manuscrits qui suivent, il n'y avait pas lieu de faire davantage. Et même, le vocabulaire de Du Cange contenant le lexique de nos chartes, on a pensé qu'il fallait se borner à l'identification des noms de lieux. Aussi bien, cette identification est le fruit d'un travail commun, rendu possible et même aisé par la rencontre d'étudiants venus de différents points du Sud-Ouest. L'identification des noms de lieux a été rejetée à la table, dressée par M. l'Abbé Cassan, du diocèse de Montpellier.

Ces pièces sont inédites, à part quatre : le nᵒ XXIII, le nᵒ XXV, le nᵒ XXVIII et le nᵒ XXXV. Les nᵒˢ XXIII et XXVIII ont paru dans la *Bibliothèque de l'Ecole des Chartes*, tom. XLII (année 1881), p. 376, p. 381. MM. Auguste et Emile Molinier les ont publiées d'après la copie du fonds Doat. On a pensé qu'il y avait avantage à les publier de nouveau d'après les originaux. Le nᵒ XXIII figure dans les éditions de la Règle et des Statuts de Cîteaux. Mais il ne fallait pas laisser échapper l'occasion de signaler un manuscrit intéressant et jusqu'ici inconnu, qui nous a été communiqué gracieusement.

Les trente-huit pièces qui composent ce recueil peuvent être distribuées en deux catégories principales : les chartes et les extraits de manuscrits.

D'abord les chartes. On conviendra qu'elles offrent une grande variété : partages de biens de famille, les nᵒˢ I, IV, XVIII ; testaments, nᵒˢ II, VII, XII, XIV ; donations entre-vifs ou à des églises et à des maisons hospitalières, nᵒˢ III, V, IX, XV ; donations de personnes, nᵒˢ VI, X ; contrat de mariage, nᵒ VIII ; emprunt, nᵒ XI ; achats, nᵒˢ XIII, XXIV ; actes d'administration diocésaine, nᵒˢ XXVII, XXXI ; Bulle pontificale, nᵒ XXIV ; règlements pour les études, nᵒ XXXII ; actes de justice, et ici sentences de la Cour jurée de Toulouse, en 1214, en 1217 et en 1225, pièces absolument rares, nᵒˢ XVI, XXVII, XIX ; sentences arbitrales, nᵒˢ XXI, XXIII ; citation à comparaître, nᵒ XX ; preuve par témoins, nᵒ XXII ; appel au roi ou au pape dans une affaire de liquidation des biens des Templiers, nᵒ XXIX ; attestation des ravages faits par les huguenots pendant la fatale année de 1562, nᵒ XXXVIII. Six de ces chartes sont romanes, nᵒˢ I, II, VI, XIII, XV, XXIII.

Ensuite les manuscrits. On s'est efforcé de varier l'intérêt des extraits de manuscrits, qu'il eût été facile de donner en plus grand nombre, si l'espace ne nous avait été mesuré. Nous signalons en premier lieu l'épître dédicatoire à Clément VI de la *Biblia Gregoriana*, œuvre curieuse du Toulousain Jacques Fouquier, nᵒ XXXIII ; ensuite les deux synodaux du diocèse de Pamiers, dus, le premier à Dominique Grima, nᵒ XXX ; le second, à Bertrand d'Ornezan, nᵒ XXXIV ; celui de Dominique Grima contient des détails de mœurs bien faits pour étonner, mais qui montrent le fonds d'opposition que le christianisme n'a cessé de rencontrer dans les coutumes locales. Le recueil de sermons du XVᵉ siècle et prêchés dans le Midi, qui se trouve à la Bibliothèque du château de Merville, a fourni un extrait qui a dû être court (1), n° XXXVII. Un bréviaire du XIVe siècle a fourni une liste des reliques de Saint-Sernin, liste qui assurément n'a aucun caractère officiel, mais qui ne laisse pas d'être digne d'attention, n° XXVI. Enfin, deux pièces littéraires, une vie en vers latins de saint Augustin, qui se trouve dans un manuscrit du XIVe siècle, n° XXVII, et deux Ballades d'Eustache Morel, n° XXV, qui rappellent les Ballades de Villon, terminent la série.

Il reste quelques particularités à signaler : d'abord la présence du roi Louis à la date de la charte n° I, qui est de 1026 ; le roi Robert régnait encore ; cette erreur a l'avantage d'obliger à discuter l'authenticité d'une charte, qui se présente comme une charte originale. Elle ouvre à nos étudiants un petit champ d'études ; l'année prochaine, ils présenteront peut-être eux-mêmes la solution. Il faut signaler ensuite la disposition des signatures dans l'acte de donation fait par l'évêque de Rodez, en 1147 ; elle rappelle la signature des bulles pontificales de ce siècle par le pape et les cardinaux, comme on peut le voir dans le fac-similé. Parmi les membres de la Cour jurée de 1214, n° XVI, se trouve un Arnaud Willem de Tudèle, qui pourrait bien être l'auteur de la première partie de la *Chanson de la croisade contre les albigeois* ; cette charte prouve que, à Toulouse, l'année commençait à Pâques. La culture de la vigne à Rodez, à la fin du XIIIe siècle, mérite d'être mentionnée, n° XXIV, sans qu'on attache à ce fait une grande importance. Le jeu des Cent-Druts, n° XXX, attirera davantage l'attention.

La présente publication n'est pas cependant une promesse. Elle se présente comme un simple essai. Elle n'a d'autre but que de montrer qu'à Toulouse on peut faire, qu'on a le désir de faire quelque chose pour le développement des études historiques dans le jeune clergé.

Toulouse, 23 juin 1892.   C. DOUAIS.

____

(1) Douais, *Les Manuscrits du château de Mérville*, pp. 72-80.

CONFÉRENCE DE PALÉOGRAPHIE

A L'INSTITUT CATHOLIQUE DE TOULOUSE

———————— ⊏⊐ ————————

I

Septembre 1026. — Partage fait par Raymond Pierre de Saint-Caprazi, Florence, sa sœur, et Bernard Guillaume de Versols, de l'*honneur* ou bien sis à Versols, Saint-Caprazi et Saint-Félix-de-Sorgues.

Original ; haut. 125ᵐᵐ, larg. 130ᵐᵐ. *Soc. arch. du Midi de la France.*

In nomine Domini nostri Jhesu Christi. Ego Raimundus Petri de Sancto Caprasio facio divisionem de honore quem habeo, cum sorore mea Florentia, et cum Bernardo Guillermi, cognato meo, de Verzols. Quatenus ego Bernardus Guillermi de Verzols accipio ad meam partem in duos mansos in Felgairolas quartam partem de feuo et terciam partem de decimo, et boscum de Silva cava de rivo in ultra, sicut dividitur cum Genestoss ; et in manso de Cogoztic, medietatem in uno posco de duodecim denariis Raimundencis, et quartam partem de decimo de circo castro Sancti Caprasii, excepto illam partem quam dimisit ad Sanctum Felicem Guillermus Petri, et excepto de manso de Podio, quatenus quartam partem de ipso manso de Podio ad feuum. Et in ipsa quarta parte medietatem decimi, excepto illam partem Guillermi Petri, et medietatem de Villa arsa, et medietatem de campo de molino, et medietatem quarti et decimi de campo de subtus locum de Sancto Felicio, et medietatem de capud manso de tras la vinea de Verdiario, et medietatem de prato usque in Sorgua, et medietatem de manso de la Fabregua de estrada in sursum; et vineam quam tenuit Petrus Augerii; et in ipso manso de la Fabregua duas mansiones et unam mediam. Scripta est hec carta mense septembrio, anno millesimo vigesimo sexto, feria II^a, luna VII^a, regnante rege Ludovico. Signum Petri de Albainnac. Sig. + Berengerii Raimundi. S. Bernardi Beguonis. S. Deodati Guirfredi. Poncius scripsit.

II

XIIe SIÈCLE. — Testament *(gadi)* de Bornard de Saint-Félix-de-Sorgues.

Original; haut. 210^{mm}, larg. 119^{mm} et 91^{mm}. *Soc. arch. du Midi de la France.*

Carta del gadi de Bernart Sancti Felicii que fed a ssa fi. Donet so cors et anima sua a Deu et all'ospital et als paupres de Jherusalem, e so caval e sas armas el cap qued avia inpignora Bretona per X. solz, e tot so dezme qued avia el [la] parrochia et el las altras aqui un l'avia. Laiset a Ramun Peire unum campum, a ssa seror una sestairada de terra laz lo prat, lo mas de Cabriaz aquo qu'el i avia, a Bernar Bego et a sos fraires laiset; a Jorda laiset aquo qu'ez avia a Macdarc et aquo qu'ed avia a Trebezac; als effantz d'Esteve Cavilla alz seus parentz laiset tot aquo qu'ed avia deus Peira mala en aval, eisez aquo de Jorda. Tota l'altra honor laiset a ssa filla un quellaques et ad aquelz que le laisar la volria; laiset all'ospital, se ssa filla moria ses efant, II. pradals; laiset a Bernart Bego, et a sos fraires tota la honor de Brusches deus Peira mala en amont, aizo es

assaber lo mas de Cadeiras, el mas de Fact e tota l'altra
honor, se sa filia moria ses efant, ella vinea Sancti Feliz
aquella dalla font. Ad aquest guadi fo Deide de Buzac presbiter, Uc presbiter, Gauzbert Sancti Caprasii, Autgers suus
frater, Ratmunz Galgers; e iurero qu'aquest guadis fos
vers. Aquest sagrament vi Raimunz Sancti Feliz, Deide
Guifres, Vilelms del Morer, Vilelms de Raisac, Deide clericus de Mas, Deide de Valleillas, Peire Cabotz. Bernardus
scripsit hec carta.

III

13 Janvier 1147 (n. sty.). — Donation par Pierre, évêque de Rodez, au
monastère de Saint-Léger d'Ebreuil, diocèse de Clermont, des églises de Notre-Dame de Lugagnac, de Sévérac-l'Eglise, de Cormières,
de Saint-Martin, de Lenne et de Marnhac, et généralement de tout
ce que ledit monastère pouvait posséder dans le diocèse de Rodez.

Original. Arch. de la Haute-Garonne, H. Daurade, liasse 211.

P., Dei gratia Ruthenensis ecclesie minister humilis,
katholice veritatis amicis et in Christo fidelibus salutem et
orationem. Quod canonice factum novimus vobis notum
esse et ob divine gratiae reverentiam stilo memorie comendare curamus. Ad honorem namque auctoris omnium
qui nos ecclesiae sue sanctae magis prodesse precipit
quam preesse, quae resecanda sunt resecare et quae confirmanda sunt confirmare, quantum nos divina gratia iu-
verit, nostri esse officii profitemur. Dum enim mole carnea
detinemur, sic nos paci presentium futurorumque fidelium
dignum est previdere, ne libertas ecclesiarum Christi ipsius
sanguine precioso parata sediciosis altercationibus quandoque pullulantibus disturbetur. Nec pacis diuturne causa
convenientior invenitur, quam si ex concessione iusticiae
unicuique quod suum est conservetur. Auctoritate igitur
apostolica freti et communi Ruthenensis ecclesiae consilio
sociati, donamus atque concedimus Sancto Leodigario
Ebroilensis cenobii et eiusdem loci fratribus tam presenti-

bus quam futuris ecclesiam Sanctae Mariae de Longaniaco,
ecclesiam de Seveiraco, ecclesiam de Cromeiras, ecclesiam Sancti Martini, ecclesiam de Elna, ecclesiam de
Marniaco. As quippe ecclesias predicto cenobio libere concedimus et donamus, et quicquid cum eis predicti loci fratres in episcopatu Ruthenensi sub predecessoribus nostris
usque ad nos in pace tenuerunt et possederunt, iure tamen
semper episcopali salvo. Ut autem in perpetuum hoc donum
ratum maneat et inconcussum, sigillo nostro huius concessionis paginam premunimus, cum assignatione eorum qui
presentes huic interfuere donationi et futuris et presentibus
testimonii auctoritatem facturi.

+ Ego Hugo Ru-
thenensis ecclesiae
archidiaconus.

+ Ego Willer-
mus Ruthene[n]sis
ecclesiae archidia-
conus.

+ Ego Geraldus
Ruthenensis eccle-
siae archipresbiter
et canonicus.

+ Ego Willer-
mus Ruthenensis
ecclesiae archipres-
biter et canonicus.

+ Ego Ugo Ru-
thenensis ecclesiae cantor et canonicus.

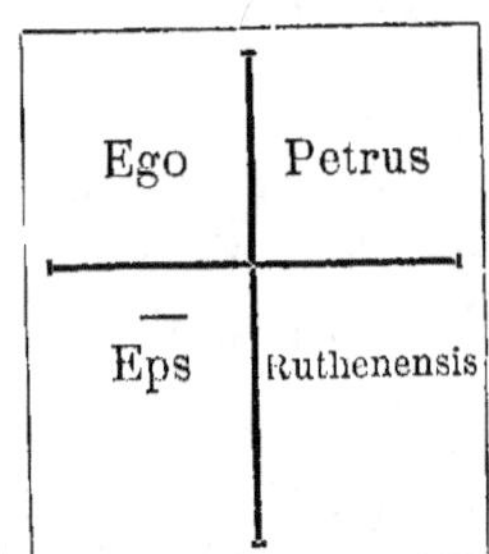

+ Ego Bertran-
dus Ruthenensis ec-
clesiae canonicus.

+ Ego Ugo Ru-
thenensis ecclesiae
canonicus.

+ Ego Deodetus
Ruthenensis eccle-
siae sacrista et ca-
nonicus.

+ Ego Petrus
Ruthenensis eccle-
siae canonicus.

+ Ego Bernar-
dus Ruthenensis ec-
clesiae canonicus.

+ Ego W. Ru-
thenensis ecclesiae
canonicus.

+ Ego Raimon-
dus Ruthenensis ec-
clesiae canonicus.

+ Ego Ector
Ruthenensis eccle-
siae canonicus.

Factum est autem hoc donum et ipsius con....io idus ianuarii, luna XX^ma VII^ma, anno ab incarnatione Domini ML^mo C^mo XL^mo VI^to, Eugenio Papa presidente Rome, Lodovico quoque rege Francorum et eodem Aquitanorum duce. Hoc eciam edito per manum Gauzfredi, Ruthenensis ecclesie cancellarii.

IV

Mai 1150-Juin 1209. — Partage entre Pierre de Roais et ses trois frères, et leur mère, des biens sis à Rover et à Pechbonieu.

Transcription de 1209. Original de la transcrip.; haut. 135^mm, larg. 203^mm. *Soc. arch. du Midi de la France.*

Hec carta est rememorationis de concordatione quam fecerunt inter se bona mente, eorum spontanea voluntate ac sine inganno, Petrus de Roais et fratres sui, Ramundus et Hugo, et Geraldus eorum avunculus, et Ramundus Arnaldi et Udalgerius, filii dicti Bernardi Porcarii, et domina mater eorum, taliter : totum illum honorem cultum et heremumque, homines et feminas, quod Ramundus Arnaldi et Udalgerius per sese, et domina mater eorum, et Petrus de Roais, et predicti fratres eius, et Geraldus, eorum avunculus, habebant et tenebant ad Rover et ad Podiobono, ex parte hereditatis sue uniuscuiusque partis, haut homo vel femina per eos, vel ibi habere debebant, sive sint homines sive feminas, sive terras cultas et heremas, sive boscos, sive prata, aut quicquid sit, totum ab integro habeant per medium Petrus de Roais et fratres sui predicti, et Geraldus, eorum avunculus medietatem, et Ramundus Arnaldi et Udalgerius, et mater eorum aliam medietatem : et faciant servicia istius honoris per medietatem ; et quisquis eorum suam partem predictam vendere voluerit aut aliquo modo impedire, faciat alio sicut alio homini ; set si retinere voluerit, faciat cui potuerit suo consilio ; et de hac concordatione fuit iactatus Poncius

Guillermi et sua tenentia, et homines et femine illius
tenencie Poncii Guillermi, quam domina predicta dederat
Ramundo de Corrunciaco, suo generi; et in supradicta
concordatione retinuit supradicta domina Petrum de Rover,
et Ramundum, fratrem suum, Arnaldum de Rover, et
eorum tenencias, et tenenciam Ramundi Vitalis, ad faciendam voluntatem suam dum vivat per explectare, et post
suam mortem domine, predicti homines et tenencie rever-
tantur in predicta partidone. Facta carta in mense madii,
feria VIIª, regnante Lodoico Francorum rege, Ramundo
Tolosano comite, Ramundo episcopo, anno ab incarnatione
Domini M. C. L. S. Bernardi Boni hominis, prepositi Sancti
Stephani. S. Causiti. S. Arnaldi Cornelli. S. Poncii Vitalis,
qui cartam scripsit. Cartam istam non scripsit Poncius
Vitalis, set illam de qua Ramundus Bertrandus transtulit
istam que erat divisa per alphabetum, eadem ratione et
eisdem verbis, mense iunii, feria IIIª, regnante Phylippo
rege Francorum, et Rº Tolosano comite, et Fulchone episcopo, anno ab incarnatione Domini Mº. CCº. VIIIIº. Huius
facti translati sunt testes Petrus Sancius et Martinus de
Sancto Martino, publici notarii, et idem Ramundus Bertrandus, qui hec scripsit. Egó Petrus Sancius subscribo.
Ego Martinus de Sancto Martino subscribo.

V

Novembre 1163. — Donation de deux deniers tolsas d'oblies, faite par
Pierre Arnaud, à l'Hôpital et à Cornelius, Maître de la maison de
Toulouse.

Original; haut. 97ᵐᵐ et 101ᵐᵐ, larg. 217ᵐᵐ. *Soc. arch. du Midi de la France.*

Sciendum est quod Petrus Arnaldi, qui fuit filius Arnaldi
Frezol, dedit et solvit Deo et domui Hospitalis Jerusalem
et Cornelio (1), qui tunc, gratia Dei, erat magister Tolosane

(1) Guiraud Corneillan dans D. Ant. Du Bourg, *Hist. du grand prieuré de Toulouse,*
p. 23. In-8°, Toulouse, 1883.

domus Hospitalis Jerusalem, et fratri Aigrado omnibusque
aliis fratribus domus Hospitalis Jerusalem tam futuris
quam presentibus, II. den. Tol. obliarum libere, prcter
quod in unoquoque anno, in Natale Domini, detur ei una
candela longitudinis unius pedis si queritur, et non aliud;
et est notandum quod de his duobus denariis obliarum
facit Arnaldus Salomonis unum obolum pro uno aripento
vinee, et Poncius Jordani unum obolum pro alio aripento,
et Gausbertus de Caramanni unum obolum pro alio aripento, et ipsemet Aigradus faciebat unum obolum pro alio
aripento. Item Petrus Arnaldi debet facere guirenciam ex
omnibus amparatoribus de predictis obliis fratri Cornelio,
et fratri Aigrado, omnibusque aliis fratribus domus Hospitalis Jerusalem futuris et presentibus. Facta carta mense
novembrio, feria VII., Lodovico rege Francorum regnante, R. Tolosano comite, Bernardo episcopo, anno
Mᵒ. Cᵒ. LXᵒ. IIIᵒ. incarnationis Domini. S. Arnaldi Gau-
ceranni. S. R. Gaitapodii. S. Benedicti, et Wⁱ de Agassag
et Ugonis qui cartam hanc scripsit.

VI

1174. — Bertrand de Saint-Félix se donne à la maison des
Hospitaliers de Saint-Félix.

Original; haut. 152ᵐᵐ, larg. 280ᵐᵐ. Soc. arch. du Midi de la France.

Anno Dominice incarnationis M. C. LXX. IIII., in nomine eiusdem Domini nostri Jhesu Christi., Eu Bernartz
de Font bona per bona memoria e sas e deleitos dono
meum corpus et meam animam e mon aver Domino Deo
et pauperibus Hospitalis de Jherusalem, et mansioni Sancti
Felicis, et dono atque laudo meum corpus pro servo et per
cofraire et per fraire si in vita mea venire potuero adreitament; e per aizo dono CCC. sol. Mergor., vel CCC. sol-
dadas de mon aver ella maiso de Sancto Felicio et alz
abitadors della maiso ad aquelz que ara i so ni adenant

i seran ara e per totz terminis. In primis dono et laudo
CXXX. sol. el claus quez es lonc lo cimiteri sobre l'olm, et
XL. II. sol. Merg. ella vinna de sobre l'olm que obrava
Peire de Segur. En aquesta vinna et el claus sobredig
reteni lo cart de la vendcmia in vita mea, et VIII. sol.
laudo ella costa de sobre la vinna, la qual costa obra
Durantz de Marcorba; et d'aquesta costa reteni tota la
gaudida in vita mea. Dono similiter L. sol. in vineam que
est sobre la font; e d'aquesta reteni la meitat de la vendemia
in vita mea, si voluero. Et elz dezmes ai LX. sol. et XII.
sestiers de blat, meitat de froment e meitat de mescla; et
d'aquesta pennora devia aver quad'an XI. sestiers de blat
cessal doni los LX. sol. elz XII. sestiers del blat. Aquist
so ella part de Guillem de Sancto Felicio. Et eu reteni delz
meus XI., los VI. meitat de froment et meitat de mescla.
Se Guillelms de Sancto Felicio redemia la meitat d'aquesta
pennora de XXX. sol. e de XII. sestiers de blat, deig metre
los XXX. sol. el blat eneisa la honor de la maiso en com-
pra o em pennora. Per aquest do e per aquesta almorna
am receubut maistre Guichartz de Deismas, maistre de
Rodergue, am receubut el befait et ellas orados del ospital
de Jherusalem d'oltra mar e de zaoltra, et am reccubut per
cofraire et per fraire cora qu'eu venir volgues adreitament
ella maiso Sancti Felicis; et am donat I. logal un faza
maiso lunc la maiso de Bretona. Deig portar lo sennal ct
il devun mantenre et queire aisi quo lurs altres omes. Autor
nesso : Deodatus Artmandi iunior, Deodatus de Bono loco,
Petrus Moliners, Guitbertus ville.

VII

Juillet 1181-Octobre 1206. — Testament d'Isalguier.

Transcription de 1203. Original de la transcrip.; haut. 182ᵐᵐ, larg. 203ᵐᵐ. *Soc. arch. du Midi de la France.*

Hec est carta re[mo]morationis. Sciendum est quod Udalguerius in infirmitate sua de qua obiit fecit suum testa-

mentum in hunc modum. Ego Udalguerius dispono et dono
Arnaldo de Roais totum hoc quod habeo et habere debeo
apud Marvilar, homines et feminas, et quicquid ibi habeo;
et dono ei totum quicquid habeo ad Poiabo, et ipse quod
expediat de pignore; et dono ei totum hoc quod habeo ad
Osvila, et decimam de Crozilis quam canonici habent in
pignore; et dono ei totum hoc quod habeo et habere debeo
ad Montem Aldron et in honoribus de Rogeriis; et dono ei
Guillermum Piatre et decimam de Audivilla; hec omnia et
totum hoc quod in istis supradictis locis habeo et habere
debeo, homines et feminas, et honores et decimas et quicquid
ibi habeo et habere debeo ullo modo, dispono et dono ego
Udalguerius Arnaldo de Roais ad suam voluntatem faciendam. Ita et tali modo ego Udalguerius facio hoc testamentum et volo ut firmiter habeatur et teneatur; et mando et
convenio ut hoc testamentum non mutetur ullo modo nisi
cum testibus qui sunt subtus scripti; tamen si aliqua persona venerit contra hoc testamentum verbo vel carta,
mando et statuo ut non credatur ullo modo. Huius rei sunt
testes Ramundus de Roais, et David de Roais, et Ugo de
Roais, et Petrus de Gardogio et Petrus Roggerius, filius
dictus Bernardi Roggerii, et Arnaldus Ferrucius, qui cartam istam scripsit, mense iulii, feria VI., regnante Philippo rege Francorum, et R° Tolosano comite et Fulcrando
episcopo, anno ab incarnatione Domini M°. C°. LXXX. I°.
Istam cartam non scripsit Arnaldus Ferrucius, set illam
de qua Stephanus de Monte Esquivo istam transtulit eadem
ratione et eisdem verbis, mense novembri, feria VII., regnante Philippo rege Francorum, et R° Tolosano comite et
R° episcopo, anno ab incarnatione Domini M°. CC°. IIII°.
Huius facti translati sunt testes Arnaldus de Brantalono, et
R. Rotbertus, publici notarii, et idem Stephanus de Monte
Esquivo qui hec scripsit. Arnaldus de Brantalono se subscripsit. Ego Raimundus Rotbertus subscribo. Istud translatum non scripsit Stephanus de Monte Esquivo, set illud
ex quo Arnaldus de Brantalono istud transtulit eadem ratione et eisdem verbis, mense octobri, feria IIII., regnante
Philippo rege Francorum, et R° Tolosano comite et Fulcone

episcopo, anno M°. CC° VI°. ab incarnatione Domini. Huius facti translati sunt testes Stephanus de Monte Esquivo et Poncius Helias publici notarii, et idem Arnaldus de Brantalono qui hec scripsit. Ego Stephanus de Monte Esquivo subscribo. Ego Poncius Helias subscribo.

VIII

Février 1185 (n. sty.)-Juillet 1199. — Contrat de mariage entre Isarn Fabre et Esclarmonde.

Transcription de 1199. Original de la transcrip.; haut. 192ᵐᵐ, larg. 201ᵐᵐ. *Soc. arch. du Midi de la France.*

In nomine Domini nostri Jhesu Christi. Ego Isarnus Faber duco te Esclarmondam in uxorem, et ego Esclarmonda in Dei nomine accipio te Isarnum Fabrum pro viro; et dono ego Esclarmonda tibi Isarno Fabro, marito meo, et tuo ordinio unum aripentum et dimidium malolis cum terra in qua est, et superfluum quod ibi est, ad totam tuam voluntatem inde faciendam de te Isarno, marito meo, scilicet, et de tuo ordinio ; de quo predicto uno aripento et dimidio malolis et de superfluo quod ibi est est unum aripentum cum terra in qua est et superfluum quod ibi est ad Bugetum, inter malole Wilelmi Singlerii, et malole Durandi de Viridifolio, et inter malole Arnaldi Joculatoris et carrariam ; et medium aripentum est in clausu de Rocaforte in dominacione Raimundi Ermengavi, inter malole Bernardi de Luganno et malole Petri Bertrandi monetarii, et inter malole Bernardi Rogerii et carrariam. Et ego Isarnus Faber in nomine Domini nostri Jhesu Christi, dono tibi Esclarmonde, uxori mee, CCC. sol. Tol. monete septene, ad totam tuam voluntatem inde faciendam, si supra me vixeris ; quos CCC. sol. Tol. dono, et laudo et mando ego Isarnus Faber tibi Esclarmonde, uxori mee, super totum eumdum predictum donum quod tu michi dedisti, ad totam tuam voluntatem inde faciendam, si supra me Isarnum Fabrum, virum

tuum, vixeris; tamen in hunc modum, quod si ego Isarnus
Faber volebam iterum facere inde meam voluntatem, possem inde facere totam meam voluntatem cum istis predictis
CCC. sol. Tol., quos mitterem tibi in terra vel in honore,
unde tu Esclarmonda, uxor mea, aberes eos pro omni tua
voluntate inde facienda, si supra me vixeris, et hoc quod
facerem consilio de duobus meis amicis et de duobus tuis.
Istum predictum unum aripentum et dimidium malolis
cum terra in qua est et superfluum quod ibi est sicut melius
includitur infra adiacentias, dedit predicta Esclarmonda
predicto Isarno, marito suo, et eius ordinio, consilio
et voluntate suorum fratrum, Romevi scilicet et Bernardi
Raimundi, et domine Ricarde, matris eorum, et Poncii
Aimerici, fratris similiter ipsius Esclarmonde, qui totum
illud donum laudaverunt et concesserunt predicto Isarno
Fabro et eius ordinio; et si aliquod ius habebant, vel abere
debebant, vel aliquid ullo modo petere poterant, in predicto aripento et dimidio malolis cum terra in qua est et in
superfluo quod ibi est, sicut melius includitur infra adiacentias, totum illud solverunt et reliquerunt Isarno Fabro
et eius ordinio, sine omni retentu quod ibi non fecerunt. Insuper predicta domina Ricarda et filii eius, Romevus scilicet, et Bernardus Raimundus et Poncius Aimericus, laudaverunt et convenerunt facere bonam et firmam guirenciam de isto predicto uno aripento et dimidio malolis cum
terra in qua est, et de superfluo quod ibi est, sicut melius
includitur infra adiacentias, Isarno Fabro et eius ordinio
de omnibus amparatoribus, donec..... factum laudare ipsi
Isarno Fabro et eius ordinio, dominis quorum dicebant
quod Petrus de Luganno qui fuit, dictus pater predicte Esclarmonde, tenebat istud predictum aripentum et dimidium
malolis cum terra in qua est et superfluum quod ibi est, et
deinde de omnibus amparatoribus, excepta parte domina-
cionis. Item totum hoc fuit factum consilio et voluntate
Petri Garini et Bernardi de Luganno qui dicebant quod
predicti..... dari Petri de Luganno, et totum istud predictum donum laudaverunt et concesserunt Isarno Fabro
et eius ordinio. Tocius huius pre.....sunt testes Guillermus

de Monte Totino, et idem predictus Petrus Garinus, et Bernardus de Luganno, et Vitalis Guinonus, et Jeldonus Faber, et Petrus Florianus, et Bernardus Expertus, et Raimundus Johannes qui cartam istam scripsit, mense februario, feria V., Philippo rege Francorum regnante, et Raimundo Tolosano comite, et Fulcrando episcopo, anno M°. C°. LXXX°. IIII°. Non scripsit istam cartam Raimundus Johannes, set aliam de qua ista tracta fuit ; et Guillermus transtulit istam cartam ex illa quam Raimundus Johannes scripsit ex illa in ista, eisdem verbis et eisdem rationibus, in mense iulii sabbato, regnante Philippo Francorum rege, et R° Tolosano comite, et Fulcrando episcopo, anno M°. C°. LXXX°. VIIII°. ab incarnatione Domini. Huius translati facti sunt testes Petrus Arnaldus, et Petrus de Audivilla, publici notarii Tolose, et Guillermus qui istud translatum scripsit. Ego Petrus Arnaldus subscribo. Ego Petrus de Audivilla subscribo.

IX

FÉVRIER 1186 (n. sty.). — Donation, par Arnaud Sellan, à Guillaume Massip, de ses droits sur le casal, sis devant le Château-Narbonnais et allant jusqu'aux remparts de Toulouse, dont ils avaient ensemble fait l'acquisition. Lausime par Willem Sellan au nom du Comte de Toulouse.

Copie du temps ; haut. 127ᵐᵐ, larg. 195ᵐᵐ. *Soc. arch. du Midi de la France.*

Notum sit omnibus hominibus tam presentibus quam futuris hanc cartam audientibus vel legentibus, quod Arnaldus Sellani, in illa sua infirmitate de qua transitus est ex hoc seculo, sua propria et gratuita voluntate, dedit et absolvit et reliquit atque dimisit Wilermo Mancipio et suo ordinio suam partem et totum suum ius quod habebat vel ullomodo habere debebat in toto illo casale quem ipse et Wᵘˢ Mancipius adquisierant, qui est inter honores quos tenentur *(sic)* feualiter Petri Wilermi Pilistorti, et illud terrarium quod est in plano ante Castrum Narbonensem, et tenet usque ad murum de quo clauditur civitas Tolose. Totam illam suam partem Arnaldus Seilanus huius predicti casalis dedit et absolvit W° Mancipio predicto et suo ordinio ad faciendam inde totam suam voluntatem, scilicet ipsius Wⁱ Mancipii et sui ordinii, absque retentione ulla quam ibi non fecit. Huius doni et istius rei prescripte sunt testes Bernardus Sellanus, et Bernardus, prior eclesie Sancti Antonii, et Bernardus de Planea, et Petrus de Nemore, iussu quorum testium et auctoritate Guillermus hanc cartam scripsit, in mense februarii, feria IIII., regnante Philippo Francorum rege, et R° Tolose comite, et Fulcrando episcopo, anno M° C° LXXX° V° ab incarnatione Domini.

Item, sit notum cunctis quod Wilermus Seilanus, pro domino Raimundo Tolosano comite et in loco illius, post mortem Arnaldi Seilani, laudavit et recognovit atque dedit ad feodum Wilermo Mancipio et suo ordinio totum hunc predictum casalem sicut melius est inter honores quos tenentur feualiter Petri Wⁱ Pilistorti, et illud terrarium quod est in plano de Castro Narbonense et tenet usque ad murum de quo clauditur civitas Tolose. Tali pacto recognovit ei et dedit hoc feodum, ut in unoquoque anno, in festo sancti Thome, reddant inde domino comiti vel suo baiulo II. den. Tol. oblias, et reacapte IIII. den., quando evenerit, et de clamore huius feodi fides inde habeat dominus comes vel suus baiulus I. den., et de unoquoque solido pignoris I. obolum; et sit hoc factum consilio domini comitis vel sui baiuli. Insuper dominus Guillermus Seilanus, pro domino comite et in loco illius, laudavit et convenit garire istum predictum feodum de omnibus amparatoribus predicto feuatario et suo ordinio. Huius rei sunt testes Bernardus Seilanus, et Bernardus de Planea, et Peirota, et Guillermus qui cartam hanc scripsit, in mense februarii, feria IIII., regnante Philippo rege Francorum, et Raimundo Tolosano comite, et Fulcrando episcopo, anno M°. C°. LXXX°. V°. ab incarnatione Domini.

X

24 Septembre 1193. — Pons Roger, privé des soins de sa femme,
« *quoniam uxor mea defecit michi in necessariis* », se donne à Guillaume « *Jacens-in-amorem* », lui, son travail et sa terre des Rosalis,
à la condition que celui-ci lui donnera la nourriture, le vêtement
et les soins. Acceptation par Guillaume « *Jacens-in-amorem* ».

Original ; haut. 124ᵐᵐ, larg. 231ᵐᵐ. *Soc. arch. du Midi de la France.*

Anno millesimo C. XC. III. incarnationis Dominice, VI.
feria, VIII. kalendas octobris, rege Philippo regnante, Ego
Poncius Rogerius de Burcafolis, gratis et bona fide, trado
meipsum et omnes meas rectitudines in fide et cautela tibi
Guillermo Jacens in amorem et uxori tue, sub tali vero
conveniencia ut in vita mea victum et vestitum bona
intencione michi donetis in vestra domo ; et si ab egritudo
ista eripiar, operabo de meo officio et de aliis rebus secundum meum posse, et omnem lucrum quem facere potero
vobis fideliter adducam et donem, et ero vobis et vestris
bonus et fidelis in omnibus rebus intus ac foris, et obediam
vestris preceptis secundum meum posse in vita mea, moriar
vel vivam ; gratis et bona intencione, non vi aliqua coactus,
nec ignorancia deceptus, set bona et gratuita voluntate dono
et corporaliter trado vobis predictis omnique vestre posteritati, unam vineam meam quartalem quam habeo in ter-
mino de Burcafolis ad Rosalis in honore milicie Templi
Salomonis, sicut notatum est in carta adquisitionis, quam
cartam vobis trado, et de predicta vinea heredes vos et
vestros instituo, et de omnibus aliis meis rebus mobilibus
et immobilibus, salvo semper iure fratrum milicie Templi, quibus quartum vinee prememorate et vineogoliam
fideliter donetis, sicut mos est ; et ut melius dici, scribi et
intelligi potest, ad utilitatem vestram et vestrorum laudo,
concedo et corroboro, et quamdiu vixero ab ac die in
antea, iratus vel placatus, sanus vel infirmus, aliquid oculto

vel manifesto, cum testibus nec cum cirografo vel sine scripto, de predictis iuribus meis alicui homini vel femine pertingenti vel non pertingenti, ad consanguinitatem meam non dabo neque ut fiat licenciam habeam. Si vero ego de cetero causa fragilis sensus, vel cum consilio aliquo, contra hoc insurrexero ad damnum vestrum, non teneatur firmum coram probis hominibus nec in alio loco. Sit notum omnibus hominibus quia hoc donum facio, quoniam uxor mea defecit michi in necessariis. Item ego Guillermus Jacens in amorem, et uxor mea, infantesque nostri gratis et bona fide recipimus te Poncium Rogerium in fide et cautela per supradictas conveniencias, ut in omni vita tua dabimus tibi victum et vestitum fideliter, et sanum atque infirmum tibi serviamus. Sicut superius est dictum, sic maneat firmum. S. Petri de Pozcran et Guillermi Troterii, et Bernardi Molinerii, et Poncii de Bozome, et Bernardi de Fano iovis, quorum iussu, et Poncii Rogerii predicti, et Guillermi Jacens in amorem et uxoris eius Bernarde, Guillermus Petri hoc scripsit, die et anno prenotato.

XI

2 Mars 1195 (n. sty.). — Emprunt de la somme de 300 sous melgoriens, par le commandeur de la maison de l'Hôpital de Pexiora, moyennant l'intérêt de 20 sétiers de blé payables annuellement.

Original ; haut. 51ᵐᵐ, larg. 238ᵐᵐ. Soc. arch. du Midi de la France.

In Dei nomine , anno ab incarnacione eiusdem M. C. XC. IIII. Manifestum sit quod ego W^us de Mont agud, comendator domus ospitalis Podii siurani, et nos fratres eiusdem domus, scilicet ego Petrus de Solerio et ego W^us Sutor, nos simul pro nobis et pro aliis fratribus domus Podii siurani profitemur nos accepisse mutuo CCC. sol. Melg. bonos et mitibiles a te Daunas, de quibus omnibus bene paccati sumus, pro quibus dabimus tibi et R° Ispaniolo vel cui volueritis lucrum XX. sestariorum boni et pulcri frumenti, ad mensuram venalem mansi, annuatim in festivitate Beate Marie augusti, sine lite et inquiete, dum eos tenuerimus; et faciemus afferre vobis omne prescriptum frumentum, in quacumque domo volueritis infra Castrum novum sine omni placito; et predictos CCC. sol. Melg. persolvemus tibi Daunas et R° Ispaniolo, vel cui volueritis, de anno in annum in festo sancti Ilarii, quando volueritis, sine omni placito; et quisque nostrum tenetur vobis et vestris in totum, quod nemo habet se defendere pro alio, donec omnis prescripta barata persolvatur vobis et vestris, vel cui volueritis, sicuti supradictum est. Insuper damus vobis et vestris en retorn pro omni prescripta barata omnes nostras res mobiles et inmobiles, ubicumque sint, que in presenti habemus et in futuro habebimus. Hoc actum est mense marcio, feria V^a, secunda die ab inicio mensis, Filippo existente rege Francie, R° comite Tolose, Folcrando episcopo eiusdem civitatis. Tocius prescripte rei sunt testes Arnaldus de Aurencha maior, et Arnaldus, eiusdem filius, et R^{us} de Sagrassa, et Saussol, et Arnaldus medicus, et W^{us} de Ponte labeg, qui mandato predictorum hanc cartam scripsit.

XII

AOUT 1195. — Testament d'Estolz de Saint-Caprazi.

Original; haut. 150^{mm}, larg. 152^{mm}. *Soc. arch. du Midi de la France.*

In nomine Domini nostri Jhesu Christi. Notum sit hac manifestum cunctis catolice matris ecclesie filiis quod, anno Dominice incarnacionis M. C. XC. V., mense augusti, Ego Estolz de Sancto Caprasio in mea bona memoria et sensu, gravi infirmitate per gratiam Dei districtus, sic dispono hac divido omnia bona mea in supprema voluntate mea. In primis relinquo ecclesie beati Christofori de Drulla X. sest., monasterio Silvaniensi L. sest., monasterio Elno-

nensi L. sest. Item, relinquo domui Milicie L. sest., domine
Sancte Marie de Castlar V. sest. Item, relinquo domui ele-
mosine Sancti Felicis omne ius quod habebam in honore de
Cogossac. Dominam matrem meam Aiglinam instituo michi
eredem in CCC. sol. et in tota medietate tocius mee peccunie mobilis, et volo et iubeo quod predicta mater mea abeat
medietatem tocius reditus et exitus onoris mei omni tempore vite sue ; cum quibus reditibus persolvat omnia legata
mea et debita ac omnes clamores meos. Omnia alia bona
mea, qualiacumque sint et ubicumque sint, et omnem ono-
rem meum, ubicumque sit, relinquo domui Ospitalis Jerosolimitani et domui Ospitalis Sancti Felicis, et pauperibus
sive fratribus eiusdem Hospitalis presentibus atque futuris.
Et hoc facio pro amore Dei et redempcione anime mee et
parentum meorum. Item, dono hac dimitto eidem Ospitali
omne ius quod habeo vel abere debeo in toto castro de
Sancto Caprasio et quiquit iuris habere debeo in pertinenciis et in dominio eiusdem castri, cum introitibus et
regressibus, cum terris cultis et incultis, cum feualibus et
retrofeualibus ac beneficiariis, cum nemoribus et aquis,
cum vineis et pratis, et deveses hominum hac mulierum
eiusdem dominii antedicti castri de Sancto Caprasio ; et
dono corpus et animam meam Domino Deo et beate Marie,
et Sancto Hospitali Jherusalem, et redo me pro servo et
pro fratre pauperibus eiusdem Hospitalis. Et hoc facio in
presencia et in manibus domini Arnaldi de Bossagas,
magistri Rutenensis Hospitalis. Totum hoc sicut supra
scriptum est dono pro guadio meo et pro ultima voluntate
mea. Et si aliquod guadium vel donacionem feci ante istut,
illut irritum esse volo, et si mea voluntas non valet
iure testamenti, saltim valeat iure codicillorum. Factum
est hoc apud Castrum de Ponte, anno et mense quod
supra, in domo Willermi de Luzenso, convocatis ad hoc
specialiter et rogatis testibus infra presentem cartam
scriptis, videlicet A. de Bossagas, D. lo Cappellas, S. lo
Cappellas, R. de San Caprasii, B. de Lodeiras, Uc Guilaberz,
Cumbaleiras, R. Ferranz, Uc Ricarz, D. Raines, P. de
Mont aut, B. de Lator, Faiola.

XIII

1196. — Vente par Dordo de Bouloc et ses fils à Dordo, prêtre, et à
l'aumône de Saint-Félix de Sorgues, établie par Gaubert de Saint-
Caprazi, des biens ici dénommés.

Original; haut. 111ᵐᵐ, larg. 286ᵐᵐ. Soc. arch. du Midi de la France.

Conoguda causa sia a toz omes quez eu Deurde de Boloc
e en Uc sos filz, e en Deurde, fraire de Ugo, nos esems
usquex ab coseil de l'altre, vendem, e guirpem, et desan-
paran, e ab titol de venda livran a te Deurde, capella, e a
l'almorna de Sain Feliz la qual Gauzbertz de Sain Caprasi
establi, et alz abitadors de l'almorna, ad aquelz quez ara i
son e adenant i seran, zo es a saber tot qant avem ni aver
devem, e las ausedaz del Poret, e las costas tro e Cauzanel, e Emalhosc, e en Cauzanel, e en tota Marcorba ; tot
aizo, si co sobre dig es, vendem, et guirpem, e desantparan,
sanes tota retecguda que no i faim, e devistem ne nos, e
vistem ne los sobre dicz abitadors de l'almorna per ara e
per iasse per XXII. sol. Melgoireses, los quals conoisem e
sabem quez avem avutz, ol valent be e pleneirament de te
sobre dit Deurde capella ; e se tot aizo sobre dig val mais
d'aquestz sobre ditz XXII. sol., donan o tot eu laudan a
l'almorna per redemcio de nostras animas e per l'arma de
Maneta nostra maire, de me sobre dig Ugo e de Deurde mo
fraire ; e eu Deurde de Boloc iur sobre sainz evangelis
tocatz que iamais re non deman, ni om per mo coseil, e eu
Uc o iur eisament, e eu Deurde fraire de Ugo o iur eisament. Aizo fo fait el solier de l'almorna que eiste ab la
gleisa de Sain Feliz, e presenza de Deurde lo capella,
anno Dominice incarnationis M. C. LXXX. VI. D'aizo so
autor Ricartz de la Peira, Ber. Costacalda, Peire de Boloc,
Ber. Romas, Guillems del Mas, Deurde sos fraire, Ber. de
la Rochetalo clergues, D. Rotgiers.

XIV

Juin 1200. — Testament de Dame Marie de Sales. Legs à Notre-Dame
de Prouille.

Original; haut. 102ᵐᵐ, larg. 196ᵐᵐ. *Soc. arch. du Midi de la France.*

Notum sit omnibus hominibus hec audientibus sive hanc
cartam legentibus, quod Ego domina Maria de Salis, in
magna infirmitate posita et timore mortis perterrita, set
tamen in toto meo sensu et in bona mea memoria, facio
meum testamentum et ultimam disposicionem meam rerum
mearum. In primis dono et relinquo Domino Deo et Beate
Marie de Prolano I. sextarium frumenti et alium sextarium
ordei, ut Deus dimittat michi omnia peccata mea ; et dono
et relinquo alios duos sextarios bladi meitadensem *(sic)* ecclesie Faniiovis ; et dono et relinquo infirmis I. sextarium
frumenti et alium sextarium tritici ospitali ; et instituo
heredes meos filios, scilicet Petrum Cerdanum, et Ugo-
nem de Rivis et Bertrandum de Rivis, in toto illo honore
et in tota illa mea hereditate quam ego habeo et teneo et
habere ac tenere debeo aliquo iure seu aliqua qualibet
racione, sive consuetudine sive lege, seu voce, sive usu
terre, in villa de Salis et in terminiis eius, et in Peiranano
et in terminiis eius, et in Narbona et in Narbonensi ; scilicet dono et relinquo Petro Cerdano terciam partem istius
hereditatis predicte, et Ugoni de Rivis aliam terciam partem, et dono et relinquo aliam terciam partem Bertrando
de Rivis ; et dividant ita istam predictam hereditatem bona
fide terciis partibus et equis partibus, et habeant et teneant
ac possideant ad suam voluntatem faciendam. Et insuper
dono et relinquo Ugoni de Rivis et Bertrando de Rivis
filiis illos M. et CCC. solidos Melgoriensium quos habeo
super honorem de Avaleta et de Alairaco, quos michi quondam pater meus dedit. Et ego Ugo de Rivis, et ego Ber-

trandus de Rivis, frater eius, nos duo simul bono animo et sine omni inganno, in perpetuum damus tibi fratri nostro Petro Cerdano, et omnino solvimus et definimus, et derelinquimus tibi et tuis totum illud quod petere et requirere tibi poteramus aliquo iure seu aliqua racione in pecuniam illam quam pater noster pro pignore habuit et tenuit in villa de Salis et in terminiis eius, et totum illud quod ibi ille vel nos habuimus et tenuimus pro deliberatione quam ille ibi fecit; totum integre et sine omni diminucione tibi et tuis solvimus et definimus in perpetuum, sine omni nostro nostrorumque retentu quod ibi non fecimus nec facimus, ad tuam noticiam et sine omni tuo tuorumque inganno. Et ego Petrus Cerdanus per me et per meos, bono animo et sine inganno, solvo et difinio modisque omnibus in perpetuum derelinquo sine omni retentu vobis fratribus meis, scilicet Ugoni de Rivis, et Bertrando de Rivis et omni vestre posteritati, totum illud quod vobis petere poteram vel requirere poteram aliquo iure seu aliqua racione in illis D. solidis Melgor., quos reliquid michi in Salas et in suis terminiis meus avunculus.

Testes huius rei sunt Gualardus de Fanoiovis, Isarnus Bernardus maior, Raimundus Ferrandus, ...us Picarela, Guillermus Gotus Picarela, Bertrandus de Ollisfractis, Vitalis de Insula, Rogerius de Castlario maior. Facta carta ista mense iunii, feria V^a, anno ab incarnatione Christi M. et CC., regnante Philippo rege Francorum. Arnaldus Sancius de Laurraco rogatus scripsit.

A B C D   E F G H   I K L M

XV

**6 Mai 1207. — Pierre de Saint-Michel abandonne son droit d'albergue
sur la terre de Caux à l'Hôpital de Pexiora.**

Original; haut. 71ᵐᵐ, larg., 273ᵐᵐ. *Soc. arch. du Midi de la France.*

Conoguda causa sia a totz homes qu'en Peire de San
Michel ab sa bona propria e agradabla voluntad vendec, e
donec, e sols et livrec et dezemparcc bonament et senes
tot retenement que hanc de re no i fe, e donec ad escient
tota la mais valensa per VIII. sol. Tol. e V. den. bos qu'en ac,
dels cals se teng per be pagatz an Peire de Cause l'ospita-
ler c an Bertran, so fraire, e a totz les abitantz del Ospital de Pucg ciura als prezentz e als avenidors, e an Johan
de Cause, c an Bernat Gasc, et an Tolza Gasc, so fraire, e al
hordeni de totz lor, tot aquel alberg que eli li devian far per la
honor de Cause, so es asaber de X. cavaers ed u cirvent, e donec lor totz les dreitz que el i avia ni i tenia, ni aver i devia,
ni i demandava, ni demandar i podia per son paire dig Hidarn
Ademar, ni per so linhatge, ni per deguna maneira, per far
tota lor voluntad per ia se dels predigz cumpradors c de lor
hordeni senes, tota retenguda quc hanc de re no i fe e ab
aquesta carta a les ne messes en tenezo. Item, le predigz
Peire de San Michel per si e per tota sa posteritad covenc
lor bona e ferma guirentia de la predicta venda que el faita
lor a de totz amparadors al predig Peire de Cause e an
Bertran, so fraire, e als abitantz del log del ospital de Pueg
siura als prezentz e als avenidors, e an Johan de Cause, e
an Bernat Gasc, e an Tolza Gasc, so fraire, e al hordeni dc
totz lor. Hoc fuit factum VI. dies ad introitu mense madii,
feria I., anno Domini M. CC. VII., regnante Philippo rege
Francorum, Rᵈᵒ comite Tolosano, Fulcone episcopo. Huius
rei testes sunt Arnautz de Rovinhol, Costantis des Bauss,
Ar. de Bozigas, Hdoitronz, Guillemz Chavartz et Garssios,
qui cartam istam scripsit.

A B C D E   F G H I K   L M N O P   O R S T U

XVI

3, 19 et 27 Mars 1214 (n. sty.). — Sentence de la cour jurée, nommée
par les consuls de Toulouse pour régler les nombreuses succes-
sions ouvertes après la bataille de Muret, dans les trois « divisions »
de la Daurade, de la Dalbade et du Pont-Neuf, attribuant à la
Daurade quatre sous d'oblies provenant de la succession de Pons
Lerouge. Nomination de la cour. Abandon intégral des quatre
sous d'oblies par les exécuteurs testamentaires de Pons Lerouge.

Transcrip. originale ; haut. 0,60, larg. 0,29. *Arch. de la paroisse de la Daurade de Toulouse.*

Noverint universi tam presentes quam futuri quod Stephanus de Villanova, tunc existens cellarius domus Beate
Marie Deaurate, habuit causam cum Vitali, capellano ecclesie Beate Marie Dealbate, et cum Petro de Bolssenaco,
qui fuerunt sponderii de computo et testamento Poncii rubei, in manibus ac presencia curie iurate, Poncii Berengarii
scilicet, et Ademari de Turre, et Bertrandi de Pozano, et
Raimundi Bernardi de Sancto Barcio, et W^i Petri Barravi,
et Petri Lombardi, et Willermi Arnaldi paratoris, et Poncii de Varanhano, et Tolosani Taila ferrum, et Bernardi
W^i Gaita podium, et Arnaldi Willermi de Tudela et
Willermi de Cunno faberio, qui super negociis et causis
diffiniendis illorum qui in exercitu comuni apud Murellum vel pro bello mortui fuerant, erant a consulibus et
comuni consilio Tolose iudices constituti in tribus divisionibus civitatis, videlicet in divisione Beate Marie Deaurate
et Pontis Novi, et Sancte Marie Dealbate, et quibus super
eisdem causis et negociis audiendi et determinandi et
elegendi tutores ac procuratores dicti consules comunis assensu consilii plenariam concesserant potestatem. In qua
causa, prestito ab utraque parte calupnie sacramento, dictus Stephanus allegari fecit pro se quod de Poncio rubeo
predicto, Deo volente, in predicto exercitu decesserat, ubi
miserabili casu quamplures fuerant interfecti, qui secundum quod ipse asseruit, antequam pergeret in predicto

exercitu, elapsis VI. annis et amplius, suum condiderat testamentum; in quo testamento dictus Poncius rubeus dimisit ac disposuit candelis parrochialibus Beate Marie Deaurate XIIII. den. Tol. obliarum et dominationes ibi pertinentes. Preterea dictus Stephanus fecit allegari pro se quod dictus Poncius rubeus emerat IIII. sol. Tol. obliarum de Bernardo Poncio de Avignone in transacto mense septembri, quos IIII. sol. Tol. obliarum et omnes dominationes ibi pertinentes dictus Poncius rubeus tunc emit ad opus luminarie de predictis candelis parrochialibus; et ideo volebat ut dicti iudices dictas oblias et omnes dominationes ibi pertinentes sibi debere restitui diffinirent, ut in perpetuum essent ad servicium predicte luminarie de predictis candelis. E contra dictus Vitalis, capellanus, et Petrus de Bolssenaco allegari fecerunt pro se quod iamdictus Poncius rubeus fecerat predictum testamentum in eorum manibus, et Thome, capellani, et Diei, uxoris ipsius Poncii rubei; et in illo testamento dimiserat XIIII. den. obliarum predictis candelis, ita quod illi qui predictas candelas tenuerint redderent inde VIIII. den. quoque anno, quos ipse Poncius rubeus reddebat; set istos predictos XIIII. den. Tol. obliarum dictus Poncius rubeus post predictum testamentum vendiderat illos; et de predictis IIII. sol. Tol. obliarum quos dictus Stephanus superius pecierat, dixerunt dicti sponderii et allegari fecerunt quod dictus Poncius rubeus emerat illos de predicto Bernardo Poncio, de qua emptione instrumentum autenticum, quod Bernardus de Podio siurano scripsit coram iudicibus, produxerunt, quod ibi pro dicto Stephano verum esse fuit concessum. Item, dictus Vitalis, capellanus, et Petrus de Bolssenaco fecerunt allegari pro se quod hoc quod de predictis IIII. sol. Tol. obliarum dictus Stephanus fecerat allegari non concedebant esse verum, immo que superius allegari fecerant verum esse asseruerunt; et volebant ut dicti iudices super hoc suam ponerent cognitionem. Tunc iudices volentes certificari super his, mandaverunt Stephano de Villa nova ut probaret quod posset super his que de predictis IIII. sol. Tol. obliarum allegari fecerat, qui diem sibi ad pro-

bandum de mandato iudicum assignavit. Quo die ad pro-
bandum assignato, dictus Stephanus de Villa nova pro
quadam parte testium dicti instrumenti emptionis de predictis IIII. sol. Tol., et pro dicto Bernardo Poncio, et per
alios idoneos testes coram iudicibus sufficienter ea que de
predictis IIII. sol. Tol. fecerat allegari probavit, quibus
testibus nec eorum atestationibus nichil fuit obiectum.
Tandem prenominati iudices, Poncius Berengarius videlicet, et Ademarus de Turre, et Bertrandus de Pozano, et
R^{dus} Bernardus de Sancto Barcio, et W^{us} Petrus Barravus, et Petrus Lumbardus, et W^{us} Arnaldus parator, et
Poncius de Varanhano, et Tolosanus Taila ferrum, et Ber-
nardus W^{us} Gaita podium, et Arnaldus W^{us} de Tu[de]la, et
W^{us} de Cunno faberio, his et aliis rationibus hinc inde
auditis, postquam ab utraque parte fuit allegationibus re-
nunciatum, auditis et visis atestationibus et instrumentis,
et tota causa diligenter examinata, et habito inde consilio
consulum, super hac causa diffinitivam protulerunt sen-
tenciam, diffinientes iudicio quod predicti IIII. sol. Tol.
obliarum cum omnibus dominationibus ibi pertinentibus sint et debcant esse luminarie de predictis candelis
parrochialibus Beate Marie Deaurate, et quod iamdicte
oblie nec aliquid dominationum ibi pertinentium ullo tempore non possint vendi, nec per pignus obligari, nec
aliquo modo a predictis candelis alienari, set sint semper
ad servicium predictarum candelarum ; cognoverunt etiam
prescripti iudices quod si dispositiones et helemosine quas
Poncius rubeus in dicto testamento disposuit, non potuerint
compleri de honoribus et bonis Poncii rubei, quod minuatur
de obliis et de omnibus aliis dispositionibus et helemosinis
ratione librarum ; et de prescriptis XIIII. den. Tol. obliarum,
quos Poncius rubeus vendiderat, cognoverunt prescripti
iudices quod facere potuit, et non tenentur inde, scilicet de
predictis XIIII. den. Tol. obliarum nec sponderii Poncii
rubei, candelis nec illis qui illas tenent vel tenuerint. Hec
sentencia fuit lata XIII. die exitus mensis marcii, feria IIII.,
regnante Philippo Francorum rege, et R° Tolosano comite
et Fulcone episcopo, anno M°. CC°. XIII°. ab incarnatione

Domini. Item, dicti iudices cognoverunt iudicio quod testamentum quod Poncius rubeus fecerat, sicut in carta illius testamenti quam Thomas sacerdos scripserat [continetur], teneretur et exequeretur et compleretur, excepto hoc quod dictum est de predictis XIIII. den. obliarum, et excepto hoc quod totum minueretur si necesse fuerit, uti dictum est. Huius dati iudicii et diffinitionis sunt testes ipsi prenominati iudices, et Bernardus Montarsinus, et Dalbis, capellanus ecclesie Beate Marie Deaurate, et Raimundus de Salto, sacrista, et Bernardus Geraldus de Burgo, et Raimundus Barravus, et W^{us} de Leus, et Arnaldus Deide, et Petrus de Vindemiis, et Petrus Raimundus qui hanc cartam scripsit.

Notum sit omnibus hominibus presentibus et futuris quod consules urbis Tolose et suburbii, scilicet Arnaldus W^{us} Piletus, et Bernardus Carabordas, et Arnaldus Mainata, et Bernardus Ortolanus, et R^{us} Pullerius, et Costantinus, et Martinus de Lamuel, et Petrus Vitalis macellarius, et Poncius de Capite denario, et Arnaldus Rufus, et Arnaldus Aicius, et Petrus de Ponte, et Petrus W^{us} Gausbertus, et W^{us} Poncius de Prinhaco, et Adalbertus, et Poncius mancipium, et Vitalis W^{us}, et Stephanus de Cassanello, pro se ipsis et pro omnibus aliis eorum sociis qui tunc erant de capitulo, dederunt et concesserunt licenciam et potestatem illis probis hominibus quos ipsi consules cum comuni consilio urbis Tolose et suburbii iudices constituerant in tribus divisionibus civitatis, videlicet in divisione Beate Marie, et Pontis Novi, et Sancte Marie Dealbate, super negocia et super causas mortuorum audiendas, et iudicandas et diffiniendas, qui in exercitu apud Murellum vel pro exercitu vel pro bello hobierant; et quod illi iudices, scilicet Poncius Berengarius, et Bertrandus de Pozano, et Ademarius de Turre, et Raimundus Bernardus de Sancto Barcio, et W^{us} Petrus Barravus, et Petrus Lombardus, et Poncius de Varanhano, et Tolosanus Talha ferrum, et Bernardus W^{us} Gaita podium, et W^{us} Arnaldus parator, et Arnaldus W^{us} de Tudela, et W^{us} de Cunno faverio, omnes vel maior pars eorum negocia illa et causas

illas mortuorum. illarum trium divisionum predictarum
audirent et cognoscerent et iudicarent ac diffinirent. Cognoverunt etiam prescripti consules pro se ipsis et pro
omnibus aliis eorum sociis qui tunc erant de capitulo, et
iudicio diffiniendo dixerunt quod omnia illa iudicia, et ille
cognitiones, et concordie et transactiones, que et quas prenominati probi homines iudices, omnes vel maior pars
eorum, hucusque audierant et iudicaverant et cognoverant
et diffinierant, vel fecerant, vel posuerant, vel deinceps
audierint et iudicaverint et cognoverint atque diffinierint,
vel fecerint, vel posuerint ullo modo usque in festo Pasche
Domini, omnes vel maior pars eorum, de negociis et causis
mortuorum, habeant illud idem robur et illam eamdem
firmitatem et stabilitatem eficacem per omnia tempora ac
si ab ipsis predictis consulibus audiretur, vel iudicaretur,
et diffiniretur, et cognosceretur, vel poneretur et fieret, et
quod illa iudicia et cognitiones vel diffinitiones, vel concordie, vel transactiones a predictis iudicibus facte, vel
posite vel iudicate ab aliquo vel ab aliqua nullo tempore
possent removeri, et quod omnia illa iudicia et cognitiones
et totum hoc sicut melius superius dicitur et determinatur,
prefati consules cognoverunt, et habuerunt et tenuerunt per
bonum, et firmum et stabile; et ut firmiter haberetur, et
teneretur et inviolabiliter custodiretur in perpetuum, hoc
fuit ita a predictis consulibus cognitum, et concessum
atque laudatum, III. die introitus mensis marcii, feria II.,
regnante Phylippo rege Francorum, et Raimundo Tolosano
comite et Fulcone episcopo, anno Mº. CCº. XIIIº. ab incarnatione Domini. Huius cognitionis et concessionis sunt
testes ipsi prenominati consules, et Raimundus Donatus,
qui mandato ipsorum consulum cartam istam scripsit.
Hanc cartam non scripsit Raimundus Donatus, set aliam
de qua Petrus Raimundus istam transtulit eadem ratione
et eisdem verbis, mense aprili, feria II., regnante Phylippo
Francorum rege, et Rº Tolosano comite, et Fulcone episcopo, anno Mº. CCº. XIIIIº. ab incarnatione Domini. Huius
facti translati sunt testes Bernardus de Podio siurano et
Wus de Sancto Petro, publici notarii, et Petrus Raimundus

qui hoc scripsit. Bernardus de Podio siurano se subscripsit. Ego W^us de Sancto Petro subscribo.

Notum sit cunctis quod Vitalis, capellanus ecclesie Sancte Marie Dealbate, et Petrus de Bolsenaco, qui fuerunt spondarii de computo et testamento Poncii rubei, eorum spontanea voluntate absolverunt atque dimiserunt totum hoc quod petere poterant in illis IIII. sol. Tol. obliarum, et in dominationibus ibi pertinentibus, quos Poncius rubeus emerat de Bernardo Poncio de Avignono, quos curia a consulibus constituta iudicaverat luminarie de candelis parrochialibus Beate Marie Deaurate, sicut in carta illius diffinitionis quam ego Petrus Raimundus scripsi continetur, ita videlicet quod si pro illo iudicio quod dicta curia inde dederat ut dicte oblie, et alie dispositiones et helemosine minuerentur ratione librarum, si testamentum Poncii rubei non poterit compleri, sive ullo alio modo, illud totum absolverunt, et reliquerunt atque dimiserunt luminarie de predictis candelis et omnibus illis qui illas candelas tenent vel tenuerint, sine omni retentione quam ibi non fecerunt nec retinuerunt ullo modo ; et recognoverunt et concesserunt Vitalis, capellanus, et Petrus de Bolssenaco quod Stephanus de Villa nova predictus se inde concordaverat cum eis, et quod dictos IIII. sol. Tol. obliarum non decebat, nec erat necessarium ut minuerentur pro dicto iudicio. Hoc fuit ita factum ac concessum V. die exitus mensis marcii, feria V., regnante Phylippo Francorum rege, et R° Tolosano comite, et Fulcone episcopo, anno M°. CC°. XIII°. ab incarnatione Domini. Huius rei sunt testes Poncius Berengarius, et Ademarus de Turre, et W^us Petrus Barravus, et Petrus Lumbardus, et Arnaldus W^us de Tudela, et Raimundus Rubeus de Banquis, et Petrus Raimundus qui hanc cartam scripsit.

XVII

2 Septembre 1217. — Sentence de la cour jurée de Toulouse, nommée par Simon de Montfort, attribuant des terres à la maison de l'Hôpital, en paiement de la somme dont Raymond Guilabert lui était redevable.

Original; haut. 0"29, larg. 0"22. *Soc. arch. du Midi de la France.*

Noverint universi lecturi sive audituri presens publicum instrumentum, quod Poncius Capellanus, frater Hospitalis Jherusalem de Tolosa, pro se et aliis fratribus eiusdem Hospitalis, venit ante presentiam Wilermi Mascalqui, et Bernardi Petri, filii Bernardi Ortolani, et Poncii Astronis, et Wilermi Aimerici de Pegulano et Ri de Fumello, qui a domino Gervasi de Cameniaco, seneschalco Tolosano, et a viris de curia, videlicet a Bernardo R° de Tolosa, et Poncio Berengario, et Bernardo Caraborda, et Bernardo Arnaldo, ..., R° Roberto, et Poncio de Capite denario, et Pelegrino Signario, et Poncio Guitardo, qui a domino Symone, comite Tolosano, ad audiendas et terminandas causas et controversias Tolose erant iudices constituti, commissionem et plenam receperunt potestatem super assignandis honoribus pro debitis que ab ipsis viris de curia vel a dominis claustrorum adiudicata erant vel adiudicanda creditoribus, si post sententiam latam, recepto prius super hoc a debitoribus iuramento, debitores eisdem creditoribus se non posse satisfacere de mobilibus affirmarent; et super assignandis honoribus pro sponsalitio dominabus et aliis quibuslibet mulieribus maritos habentibus, si causa vel questio fuerit pro debitis maritorum, que debita persolvere non possint de mobilibus post iuramentum prestitum ab eisdem, reservato tamen creditoribus iure suo in eisdem honoribus qui mulieribus maritos habentibus fuerint assignati; et ibi dictus Poncius Capellanus proposuit coram eis quod Raimundus Guilabertus et eius filius Ugo debe-

bant domino Ber° de Capolegio, priori Hospitalis, et fratribus huius Hospitalis C. LX. sol. Tol. pro quadam fiducia
quam pro eis fecerant, pro quibus impignoraverant dictis
fratribus, consilio domine Englesie, uxoris R^i Guilaberti,
omnem eorum terram, et honorem, et animalia et omnia
eorum bona mobilia et immobilia, de quo debito ostendit
eis publicum instrumentum quod Guillermus scripserat;
rogans eos dictus Poncius Capellanus, quod dictos C. LX.
sol. Tol., quos viri de predicta curia sibi adiudicaverant
soluturos, illos sibi persolvi facerent de rebus mobilibus
dicti R^i Guilaberti, vel darent inde dictis fratribus de honoribus eius. Quo audito, dicti probi homines fecerunt venire
ante eorum presentiam R^{um} Guilabertum; et quesierunt ab
eo si habebat res mobiles unde predictum debitum persol-
veret eis; et ipse, prestito iuramento, dixit quod non habebat res mobiles de quibus debitum predictum persolvi possit; set habebat honores de quibus volebat dictis fratribus
dare eorum cognitione. Tunc dicti probi homines, W^{us}
Poncius scilicet, et Bernardus Petrus, et W^{us} Aimericus,
et Poncius Astro. . . . . de Fumello, pro seipsis et pro Arnaldo de Samatano, eorum socio,
facta inquisitione legitima super precio honorum. . . . . . .
. . . . mobilia ipsis. . . . . creden-
tibus, de quibus dictis fratribus debitum predictum persolvi
possit; et assignaverunt fratribus predictis et eorum successoribus unum aripentum de condamina de. . . . .
. . . . sol. Tol.; et ibidem assignaverunt eis tantum
de predicta terra, aripentum scilicet, eadem ratione unde
predictum debitum dictis fratribus persolvat ac ratione
. . . . terre de condamina Noguerii
dicti probi homines assignaverunt fratribus predictis IIII.
aripenta pro predictis C. LX. sol. Tol., ad omnem eorum
voluntatem. . . . . scilicet et eorum suc-
cessorum inde perpetuo faciendam, salva tamen taila
domini comitis et salvo iure suo omnibus hominibus qui
. . . . vel. . . . haberent. . . . . fuit facta, VI. die
introitus mensis septembri, feria IIII., regnante Phylipo
Francorum rege, et Symone Tolosano comite, ...,

anno M⁰. CC⁰. XVII⁰. ab incarnatione Domini. Huius assignationis sunt testes idem predicti viri, W^us Poncius scilicet, et Bernardus Petrus, et Poncius Astro, et W^us Aimericus. . . . . . umello. S. Petrus Raimundus, qui mandato ipsorum virorum hanc cartam scripsit.

XVIII

27 Mars 1222-1250-1253. — Partage de leurs biens entre Guillaume, Bernard et Alric de Roaix frères, fils de David de Roaix.

Transcrip. en 1250 et 1253. Original de la transcr. de 1253; haut. 0ᵐ53, larg. 246ᵐᵐ. *Soc. arch. du Midi de la France.*

Notum sit cunctis tam presentibus quam futuris, quod Guillermus de Roaxio et fratres eius, Bernardus de Roaxio et Aldricus de Roaxio, filii quondam David de Roaxio, venerunt ad divisionem inter se de omnibus illis honoribus quos insimul habebant, et de omnibus illis baratis et debitis que eis similiter insimul debebantur. In qua divisione venerunt ad partem prefati Wilermi de Roaxio et eius ordinii, parte partita et pro divisione, illa quatuor operatoria de banquis maioribus cum locis in quibus sunt, cum omnibus hedificiis et bastimentis que ibi sunt et ibi pertinent, que sunt inter honorem Boneti Macellarii et ambas carrarias publicas; et venerunt similiter ad partem ipsius Wilermi de Roaxio et eius ordinii, parte partita et pro divisione, illa IIII^or operatoria cum locis in quibus sunt, cum omnibus hedificiis et bastimentis que ibi sunt et ibi pertinent, que sunt iuxta aulam lapideam ipsius Wilermi de Roaxio, inter domum et honorem Poncii Veziani fabri et alium honorem ipsius Wilermi de Roaxio et carrariam publicam. Item, ad partem ipsius W^i de Roaxio et eius ordinii venerunt, parte partita et pro divisione, omnes ille oblie cum omnibus dominationibus eis pertinentibus, quas ipsi habebant et habere debebant in Tholosa et in alodio et in perti-

nentiis Tholose, quecumque sint ille oblie et ubicumque ibi
sint. Item, ad partem ipsius W^i de Roaxio et eius ordinii
venerunt, parte partita et pro divisione, omnes ille terre et
omnes illi honores, culti scilicet et inculti, et totum
hoc integriter quod ipsi Wilermus de Roaxio et prenominati fratres eius h[ab]ebant et h[ab]ere debebant apud
Marvilarem, et [in] alodio et in territorio et in pertinentiis
de Marvilari, quicquid illud sit et ubicumque ibi sit. Et
venit ad partem ipsius Wilermi de Roaxio et eius ordinii,
parte partita et pro divisione, tota illa condamina de Ponte
Pertusato, que dicitur de Monte boerio, que est inter conda-
minam Arnaldi Guilaberti et terram R^i Auriolli, que fuit
Corbati, et stratam que ducit versus decimam et terram
Bernardi de Pardelhano. Item, ad partem ipsius Wilermi
de Roaxio et eius ordinii evenit, parte partita et pro divisione, tota illa terra et totus ille honor et totum hoc integre, quicquid aliud esset, quod ipsi W^{us} de Roaxio et iam-
dicti fratres eius habebant et habere debebant apud Clarum
montem et apud Bartam, quod fuisset d'en Pelagoss, et
totum hoc similiter quod ipsi W^{us} de Roaxio et predicti
fratres eius habebant et habere debebant apud Gallem
Gairaldi et apud Filgardam, quicquid illud esset, et omnia
illa prata similiter que ipsi W^{us} de Roaxio et fratres sui
predicti habebant et habere debebant apud Pontem Cledarn, et illud pratum quartanerium similiter quod ipsi
habebant ultra flumen Yrcii prope carrariam R^i de Castro
novo. Omnes isti honores adiacentiati superius et omnes predicte oblie cum dominationibus eis pertinentibus
et hec omnia sicut melius exprimuntur superius, venerunt
ad partem W^i de Roaxio et eius ordinii, parte partita et
pro divisione; et si prenominati fratres eius Bernardus de
Roaxio et Aldricus de Roaxio aliquod ius aut aliquam rationem habebant et habere debebant in hiis omnibus que ad
partem ipsius W^i de Roaxio evenerant et eius ordinii, sicut
dictum est superius, nomine doni aut successionis sive ullo
alio modo, illud totum dederunt, solverunt atque reliquerunt eidem W^o de Roaxio, fratri eorum, et eius ordinio, pro
omni voluntate ipsius W^i de Roaxio et eius ordinii inde fa-

cienda, sine aliquo retentu quem ibi non fecerunt nec retinuerunt aliquo modo. Immo debent atque convenerunt inde esse guirentes eidem W° de Roaxio et eius ordinio de omni petitione, que inde ei fieret pro eis aut ex parte eorum. Item, ad partem Bernardi de Roaxio et Aldrici, fratris eius, et eorum ordinii, venerunt, parte partita et pro divisione et equis partibus, omnes ille terre et omnes illi honores quos ipsi habebant cum predicto W° de Roaxio, eorum fratre, vel habere debebant apud Sanctum Ylarium, inter honorem qui fuit Arnaldi Ruffi et honorem Arnaldi de Roaxio et Bernardi, fratris eius, sicuti tenent de honore Bernardi Petri de Cossanis usque ad flumen Yrcii et usque ad Salsam; et si prefatus W^{us} de Roaxio aliquod ius aut aliquam rationem habebat vel habere debebat ullo modo in predictis terris et honoribus qui ad partem Bernardi de Roaxio et Aldrici, fratris eius, et eorum ordinii, sicut dictum est superius, evenerant, illud totum dedit, solvit atque dereliquit eisdem Bernardo de Roaxio et Aldrico, fratri eius, et eorum ordinio, pro omni voluntate ipsorum Bernardi de Roaxio et Aldrici, fratris eius, et eorum ordinii inde facienda, sine aliqua retentione quam ibi non fecit nec retinuit aliquo modo. Immo debet et convenit inde esse guirens eisdem Bernardo de Roaxio et Aldrico, fratri suo, et eorum ordinio, de omni petitione que inde eis fieret pro eo aut ex parte eius. Item, ad partem predicti Bernardi de Roaxio et eius ordinii evenit, parte partita et pro divisione, illa domus et totus ille honor cum hedificiis et bastimentis que ibi sunt et ibi pertinent, qui est inter honorem Grivi de Roaxio et ambas carrarias publicas; et si predicti fratres cius W^{us} de Roaxio et Aldricus, frater eius, in eadem domo et honore, sicut inter predictas adiacentias concluditur, aliquod ius aut aliquam rationem habebant vel habere debebant ullo modo, illud totum dederunt, solverunt ac reliquerunt eidem Bernardo de Roaxio, fratri eorum, et eorum ordinio, pro omni voluntate ipsius Bernardi de Roaxio et eius ordinii inde facienda, sine aliquo retentu quam *(sic)* ibi non fecerunt nec retinuerunt. Immo debent ac convenerunt inde esse guirentes eidem Bernardo de

Roaxio et suo ordinio de omni petitione que inde ei fieret pro eis aut ex parte eorum. Item, ad partem predicti Alrici de Roaxio et eius ordinii evenit, parte partita et pro divisione, tota illa pars quam ipse Alricus de Roaxio et prenominati fratres habebant et habere debebant in toto illo honore quem habebat in suburbio cum eorum consanguineis ex parte domine Alamande, quondam eorum avie. Et si alii predicti fratres eius, W^{us} de Roaxio scilicet et Bernardus fratres eius, aliquod ius aut aliquam rationem habebant vel habere debebant in eadem parte predicti honoris quem habebant in suburbio ex parte domine Alamande predicte aliquo modo, illud totum dederunt, solverunt ac reliquerunt eidem Alrico de Roaxio et eius ordinio, pro omni voluntate ipsius Alrici de Roaxio et eius ordinii inde facienda, sine aliqua retentione quam ibi non fecerunt nec retinuerunt. Immo debent et convenerunt inde esse guirentes eidem Alrico de Roaxio et suo ordinio de omni petitione que inde ei fieret pro eis aut ex parte eorum aliquo modo. Preterea Bernardus de Roaxio et Alricus, frater eius, predicti, recognoverunt atque concesserunt sponte sua, quod illa aula lapidea, et domus et totus ille honor cum omnibus hedificiis et bastimentis que ibi sunt et ibi pertinent, qui est inter honorem Ugonis de Roaxio et inter illa predicta operatoria, que ad partem dicti Wilermi de Roaxio et eius ordinii evenerant, sicut dictum est superius, et inter ambas carrarias publicas erat, et debebat esse ipsius W^i de Roaxio et eius ordinii, pro omni voluntate ipsius W^i de Roaxio et sui ordinii inde in perpetuum facienda, sicut in carta illius concessionis quam Phylippus Gaita podium inde scripserat plenius continebatur, sicut ibi dictum fuit. Item, W^{us} de Roaxio, et Bernardus et Alricus, fratres eius, recognoverunt atque concesserunt inter se quod unusquisque eorum et eius ordinium habebat et habere debebat terciam partem in omnibus illis debitis que eis debebantur et que eis pertinebant. Item, Bernardus de Roaxio et Aldricus, frater eius, recognoverunt atque concesserunt quod illud donum quod W^{us} Bernardus de Vaure dederat eidem W^o de Roaxio, fratri eorum, erat et debebat esse totum ipsius

Wilermi de Roaxio et eius ordinii, et donum domine Aigline, uxoris W^i de Roaxio, similiter, et illud donum et totum hoc similiter, quod W^{us} de Castro novo, filius quondam Arnaldi de Castro novo, eidem W^o de Roaxio dederunt pro omni voluntate ipsius W^i de Roaxio et eius ordinii de omnibus hiis predictis donis facienda, sine aliqua parte, quam ipsi Bernardus de Roaxio et Aldricus, frater eius, ibi non habebant, nec debebant habere ullo modo. Hoc fuit factum et ita inter eos positum ac concessum, V^o. die exitus mensis marcii, regnante Phylippo Francorum rege, et R^o Tolosano comite, et Fulcone episcopo, anno ab incarnatione Domini M^o. CC^o. XX°. II°. Huius rei sunt testes Ugo de Palacio, et W^{us} de Palacio, filius eius, et Bernardus R^{us} faber, filius quondam Bernardi Ramundi sericarii, et Phylippus Gaita podium qui cartam istam scripsit. Et hanc cartam transtulit Arnaldus Peregrinus ex illa alia per alfabetum divisa quam Phylippus Gaita podium inde scripserat, eisdem verbis et rationibus, mense septembris, regnante Lodoico rege Francorum, Alfonso Tolosano comite, R^o episcopo, anno ab incarnatione Domini M^o. CC^o. L^o. Huius facti translati sunt testes Arnaldus Petrus notarius et Wilermus de Ulmo publici notarii, et idem Arnaldus Peregrinus qui hec scripsit. Et ego Arnaldus Petrus notarius subscribo. Guillermus de Ulmo subscripsit. Hoc translatum transtulit Wilermus de Sancto Paulo ex illa carta quam Arnaldus Peregrinus scripserat, eisdem rationibus et verbis, mense iulii, regnante Lodoyco rege Francorum, et Ildefonso Tolosano comite, et R^o episcopo, anno ab incarnatione Domini M^o. CC^o. L^o. III°. Huius facti translati sunt testes Petrus R^{us} de Agassollo, et Petrus R^{us} Ortolanus, publici notarii, et idem Wilermus de Sancto Paulo qui hec scripsit. Petrus R^{us} de Agassollo subscripsit. Petrus R^{us} Ortolanus subscripsit.

XIX

6 Mars 1225 (n. sty.)-1233. — Sentence de la cour jurée de Toulouse
attribuant à Willem Auriol la valeur en biens fonds sis à Castanet
de la somme que Arnaud de Villeneuve lui devait, conformément
à une sentence antérieure d'une autre cour jurée.

Transcription de 1233. Original de la transcr.; haut. 0ᵐ61, larg. 0ᵐ31. *Soc. arch. du Midi
de la France.*

Noverint universi tam presentes quam futuri, quod
Wᵘˢ Auriollus, veniens ante presentiam virorum de curia,
quos consules urbis Tolose et suburbii constituerant iudices ad iudicandos et ad assignandos honores debentium
pro debitis iudicatis que eisdem creditoribus debentur, que
debita viri de curiis quondam iudicaverant persolvi creditoribus quibus debentur et pro illis iudiciis que consules
Tolosani iudicaverant vel domini claustrorum, et pro sponsaliciis dominarum ; quibus viris de curia ipsi consules
urbis Tolose et suburbii, habito prudentium virorum consilio, iudicio dixerant, et cognoverant atque diffinierant,
quod quicquid viri de curia, scilicet Poncius Arnaldus de
Noerio, et Bernardus de Roaxio, filius Bernardi de Roaxio
qui fuit, et Ramundus Arnaldus de Pozano, et Bernardus
Ramundus de Ponte, filius Geraldi Petri qui fuit, et Ademarius de Turre, et Ramundus de Monte totino, et Maurandus, et Johannes de Garrigiis, et Ramundus Carabordas, et Ramundus Centullus, et Bonus puer Maurandus, et
Bertrandus de Escalquencs, iudicaverant vel assignaverant, ex quo fuerant de hac curia vel deinceps, dum de hac
curia fuerint, iudicaverint vel assignaverint creditoribus de
honoribus debentium pro debitis que debent iudicatis a
consulibus vel a curiis eorum, vel ab aliis curiis, vel a dominis claustrorum, vel pro aliis quibuslibet iudiciis a consulibus promulgatis, vel pro sponsaliciis dominarum maritos habentium vel non habentium ; et etiam de honoribus
illorum qui unanimes et concordes venirent ante eorum

conspectum, licet non adierint primam curiam super iudi-
candis debitis constitutam ; de honoribus similiter illorum
debentium vel illarum, qui commoniti et citati bis, vel ter,
vel pluries ab ipsis viris de curia vel eorum nunciis re-
belli..... coram ipsis contempserint comparere ; auditis rationibus tantummodo alterius partis, quod illud totum,
ut premissum est, quod idem viri de curia iudicaverant, vel
assignaverant, vel transegerant, vel composuerant, vel iudicaverint, vel assignaverint, vel transegerint, vel compo-
suerint de honoribus prelibatorum ut superius est expres-
sum, efficaci robore et firmitate inviolabiliter perheneretur ;
ita quod illa iudicia, et assigitamenta, ot compositiones, et
transactiones nullo tempore valeant ab aliquo apellari,
nec contradici, nec contraveniri, sicut melius in carta illius
iudicii et cognitionis quam Ramundus de Sancto Cezerto
scripserat, continebatur. Et ibi W^{us} Auriollus, prius prestito
sacramento, ostendit et dixit eisdem viris de curia quod,
ratione illius debiti de M. sol. Tol., quod Arnaldus de Villa
nova probus homo debebat W° Auriollo et eius ordinio,
de quo debito Petrus Embrinus intravit ei debitor et dona-
tor, sicut in carta illius debiti quam Poncius Arnaldus
scripsit continetur, viri alterius curie iudicio dixerunt et
cognoverunt quod omnia bona et iura que fuerant Arnaldi
de Villa nova qui fuit, persolvere teneantur M. sol Tol.
secundum forum dicto W° Auriollo et eius ordinio,
et X. sol. Tol. in denariis, quos pro eodem Arnaldo de Villa
nova viris de illa curia persolvit pro iudicio supradicto, diminuto inde de illis M. sol. Tol. precio de III. eminis ordei
frumenti, sicut melius et plenius in carta illius iudicii et cognitionis, quam W^{us} de Nemore scripsit, continetur, quod
iudicium viris de curia produxit ; unde rogabat ipsos viros
de curia quod predictos denarios ei persolvi facerent, sicut
iudicatum erat, vel quod assignarent ei pro predictis denariis de honoribus ipsius Arnaldi de Villa nova qui fuit et
nomine de honoribus et de toto hoc quod ipse Arnaldus de
Villa nova qui fuit ad diem sui obitus, vel aliquis vel aliqua,
de eo vel pro eo habebat vel habere debebat ad Castanetum et in alodio et territorio, ac in decimario ipsius loci,

quia ipse W^{us} Auriollus et quidam alii creditores, quibus Arnaldus de Villa nova qui fuit debebat debita in predictis honoribus et in aliis rebus predictis, se elegerunt et inde volebant persolvi, cognitione curie supradicte, pro illis debitis que predictus Arnaldus de Villa nova qui fuit eis tenebatur persolvere; quo audito, viri de curia, et intellecto quod viri alterius curie ita iudicassent, et viso iudicio predicto pro Arnaldo de Villa nova, filio predicti Arnaldi de Villa nova, filio predicti Arnaldi de Villa nova qui fuit, eorum nuncios semel, bis et ter et pluries miserunt, et etiam ipsi viri de curia ipsum Arnaldum de Villa nova petierunt; Arnaldus de Villa nova pro his ante eorum presentiam venire noluit, nec pro se mittere responsalem. Viri vero de curia diem inde ei assignaverunt; quo die nec in aliis pluribus diebus inde sibi assignatis, ante eorum presentiam venire noluit, nec pro se mittere responsalem. Viri de curia, videntes hoc, amicos et parentes ipsius Arnaldi de Villa nova ante eorum presentiam venire fecerunt, et dixerunt eis quod ipse W^{us} Auriollus et quidam alii creditores quibus Arnaldus de Villa nova qui fuit debebat debita, venerant coram eis et petiebant sibi persolutionem pro illis debitis de honoribus et de toto hoc quod ipse Arnaldus de Villa nova qui fuit habebat ad Castanetum; et ipsi viri de curia non inveniebant ipsum Arnaldum de Villa nova, nec ipse Arnaldus de Villa nova ante eorum presentiam venire volebat, nec pro se mittere responsalem; et ideo faciebant eis scire, quod facere inde volebant assignationem illis creditoribus de honoribus et de toto hoc quod Arnaldus de Villa nova qui fuit habebat ad Castanetum; et si aliquis illorum volebat respondere pro predicto Arnaldo de Villa nova, vel facere ipsum Arnaldum de Villa nova venire coram eis, vel volebant ibi aliquid dicere pro Arnaldo de Villa nova vel pro seipsis, quia ipsi viri de curia audirent illud et facerent inde quod deberent. Illi vero amici et parentes ipsius Arnaldi de Villa nova dixerunt quod de negocio supradicto se in aliquo non intromitterent. Set ipse W^{us} Auriollus et quidam alii creditores iterum viros de curia rogaverunt, quod ex quo ipse Arnaldus de Villa nova, nec aliquis, nec aliqua, pro eo responsurus ante eorum presentiam non venerat, et cum amicis et parentibus ipsius Arnaldi de Villa nova de hiis nullum inveniebant consilium pro illis debitis que Arnaldus de Villa nova qui fuit illis creditoribus tenebatur persolvere, assignarent eis de honoribus et de toto hoc quod Arnaldus de Villa nova qui fuit XX. annis hucusque, vel aliquis vel aliqua pro eo habebat vel habere debebat ad Castanetum, et in alodio et territorio ac in decimario ipsius loci aliquo modo. Tandem vero hiis aliis rationibus inde auditis et viso predicto iudicio et carta debiti, et toto negocio diligenter perscrutato et intellecto, habito super hiis speciali prudentum virorum consilio, videntibus contumatiam ipsius Arnaldi de Villa nova, qui pro hiis ante eorum presentiam venire noluit, nec pro se mittere responsalem, et facta inquisitione legali a multis probis hominibus istius ville Tolose, et etiam Castaneti, super sacramentum, super precium de predictis honoribus et de toto hoc quod ipse Arnaldus de Villa nova qui fuit a XX. annis hucusque, vel aliquis vel aliqua de eo vel pro eo habebat vel habere debebat ad Castanetum, et in alodio et territorio ac in decimario ipsius loci; pro predicta licencia et posse quod Consules urbis Tolose et suburbii eis dederant et concesserant, sicut superius dictum est, predicti viri de curia iudicio appreciaverunt predictos honores et totum hoc, quicquid sit, quod ipse Arnaldus de Villa nova qui fuit ad diem sui obitus, vel aliquis vel aliqua de eo vel pro eo habebat, vel habere debebat ad Castanetum, et in alodio et territorio ac in decimario ipsius loci, XX. milia sol. Tol., et de hoc est remotum quartum quod secundum forum debebat inde removeri, et deterioramentum bastimentorum et hedificiorum, domorum et aliorum honorum; et ratione istius precii de XX. milibus sol. Tol., predicti viri de curia assignaverunt iudicio eidem W° Auriollo pro predictis M. sol. Tol. mille solidatas de predictis honoribus, et de toto hoc quod ipse Arnaldus de Villa nova qui fuit, vel aliquis vel aliqua de eo vel pro eo, habebat vel habere debebat ad Castanetum, et in alodio et territorio ac in decimario illius loci,

sive sint homines vel femine, vel eorum tenencie, vel sint
forcie, vel domus, vel hedificia aut bastimenta, vel casales,
vel orti, vel viridiarii, vel terre culte aut inculte, vel ma-
loles vel vinee, vel nemora, vel barte, vel prata, vel pascua,
cum terris in quibus sunt, vel introitus vel exitus, vel queste,
vel azempriva, vel successiones, vel escazuite, vel decime,
vel primicie, vel tasche, vel quarti, vel quinti, vel oblie
cum dominationibus ibi pertinentibus, vel albergi, vel
corrogii, vel census, vel usus, vel aqua, vel piscarie, vel
molnaria, et denique de omnibus aliis rebus et iuribus que
ipse Arnaldus de Villa nova qui fuit, vel aliquis vel aliqua
de eo vel pro eo, vel ex eius partibus vel eius nomine,
habebat et tenebat et possidebat, et habere et tenere et possidere debebat, ullo iure vel ratione, ad Castanetum, et in
alodio et in territorio ac in decimario et pertinentibus illius
loci; diminuto tamen de illis M. sol. Tol. precio de
III. eminis ordei frumenti, et pro illis X. sol. Tol. quos ipse
W^{us} Auriollus persolvit viris illius curie pro predicto iudicio,
et pro alios *(sic)* X. sol. Tol. quos ipse W^{us} Auriollus persolvit viris istius curie pro isto assignamento ; pro parte
Arnaldi de Villa nova, assignaverunt viri de curia eidem
W° Auriollo et eius ordinio XXX. solidatas tocius predicti
honoris et de toto hoc quod ipse Arnaldus de Villa nova
qui fuit ad diem sui obitus habebat vel habere debebat, vel
aliquis vel aliqua de eo vel pro eo, ad Castanetum, et in alodio et territorio ac in decimario ipsius loci. Hoc predictum
assignamentum fecerunt ita ei predicti viri de curia et eius
ordinio ad totam suam voluntatem inde faciendam ipsius
W^i Auriolli et eius ordinii, salvo tamen iure suo et ratione
sua ominibus et feminis qui ius ibi haberent. Dixerunt preterea viri de curia iudicio, quod heredes predicti Arnaldi
de Villa nova qui fuit faciant vendam bonam et firmam
eidem W° Auriollo et eius ordinio de predictis M. XXX.,
solidatis minus precium de III. eminis ordei frumenti de predicto honore Castaneti et de toto hoc quicquid sit ullo modo,
quod Arnaldus de Villa nova qui fuit ad diem sui obitus,
vel aliquis vel aliqua de eo vel pro eo, habebat vel habere
debebat ad Castanetum, et in alodio et territorio ac in deci-

mario ipsius loci ; et mandent illi heredes inde ei et eius ordinio guirentiam de omnibus amparatoribus libere de toto hoc quod ibi erit liberum ; et si aliquid inde tenebatur feualiter a domino sive a dominis, mandent inde ei et eius ordinio guirentiam de omnibus amparatoribus, excepta parte dominationis, et faciant laudari vendam illam a domino sive a dominis a quibus aliquid inde teneretur, et mandari inde ei et eius ordinio guirentiam de omnibus amparatoribus ex parte dominationis sine missione ipsius W^i Auriolli et eius ordinii, et quod heredes ipsius Arnaldi de Villa nova qui fuit tradant cartas adquisitionis predictorum honorum Castaneti, et de aliis rebus predictis, notario publico ad transferendum, ad opus ipsius W^i Auriolli et eius ordinii. Hoc fuit ita a predictis viris de curia iudicio assignatum, VI° die introitus mensis marcii, feria V., regnante Lodovico rege Francorum, et Ramundo Tolosano comite, et Fulcone episcopo, anno ab incarnatione Dominici M^o. $CC^o XX^o III I^o$. Huius assignationis et iudicii a predictis viris de curia huiusmodi facte sunt testes ipsi predicti viri de curia ; et sunt inde similiter testes Arnaldus Rogerius, et Petrus Mancius, et Ramundus Centullus, et Stephanus Signarius, et Johannes de Turre, et W^{us} de Turre, eius frater, et Poncius Gairaldus, et W^{us} Ramundus Calhavus, et Arnaldus de Escalquencs, et Arnaldus Mainata, et W^{us} Poncius de Morlanis, et Raimundus Donatus notarius, et Ramundus Bertrandus de suburbio, qui mandato ipsorum prenominatorum virorum de curia cartam istam scripsit. Istam cartam non scripsit Ramundus Bertrandus de suburbio, set aliam de qua Vitalis Willermi istam transtulit eadem ratione et eisdem verbis, mense octobri, sabbato, regnante Lodovico Francorum rege, Ramundo Tolosano comite, et Ramundo episcopo, anno ab incarnatione Domini M^o. CC^o. XXX°. III°. Huius facti translati sunt testes Petrus de Nemore et Poncius Stephanus, notarii publici, et idem Vitalis Willermi qui hoc scripsit. Ego Petrus de Nemore subscripsi. Ego Poncius Stephanus subscripsi.

XX

21 Juin 1239. — Citation contre P. Dupuy et Vital, son frère, par Bernard de Genciac, abbé de Saint-Sernin de Toulouse, et le prieur d'Artigat, juges délégués par Gui, évêque de Sora, légat du Saint-Siège.

Original; haut. 118ᵐᵐ, larg. 152ᵐᵐ. *Soc. arch. du Midi de la France.*

B., Dei gratia abbas Sancti Saturnini, et P., prior de Artigato Tolose diocesis, a domino Legato iudices delegati, dilecto in Christo capellano de Condomo, salutem in Domino. Noveritis nos recepisse litteras a domino Legato sub hac forma : Guido, miseratione divina Soranensis Episcopus, apostolice sedis Legatus, dilectis filiis Abbati Sancti Saturnini et Priori de Artigato Tholosan. diocesis, salutem in Domino. Preceptor et fratres Hospitalis Jherusalem in partibus Agenen. nobis conquerendo monstrarunt, quod P. de Podio, et Vitalis, frater eius, et Vitalis de Casa nova, miles, et quidam alii Agenen. diocesis, super legatis, possessionibus et rebus aliis iniuriantur eisdem. Ideoque discretioni vestre, qua fungimur auctoritate, mandamus quatinus, partibus convocatis, audiatis causam et, appellatione remota, fine debito terminetis ; facientes quod decreveritis per censuram ecclesiasticam firmiter observari, proviso ne per generalem clausulam quidam alii ultra quinque auctoritate presentium valeant conveniri. Testes autem qui nominati fuerint, si se gratia, odio vel timore subtraxerint, per censuram eandem, appellatione cessante, cogatis veritati testimonium perhibere. Datum Albie, IIII. kalendas ianuarii, pontificatus domini Gregorii noni pape anno duodecimo. Cum huius igitur auctoritate mandati, P. de Podio et Vitalem, fratrem eius, citari perhemptorie fecerimus, et ipsi ad diem sibi assignatam non venerint, nec per se miserint aliquem responsalem, dictis preceptori et fratribus Hospitalis Jherusalem per suum procuratorem comparentibus et expectantibus ut debuerunt, mandamus vobis quatinus dictos P. de Podio et Vitalem, fratrem eius, ad eorum maliciam convincendam iterum perhemptorie citetis, ut die mercurii ante festum sancti Johannis Baptiste, infra terciam, Tolose compareant coram nobis, predicte querele mediante iusticia responsuri ; denunciantes eisdem, quod, nisi tunc convenerint, nos ex tunc in ipsos quantum de iure fuerit procedemus. Datum Tolose, die martis ante festum sancti Barnabe, anno Domini M°. CC°. XXX°. nono. Reddite litteras, mandato impleto.

XXI

26 et 27 Octobre 1254. — Sentence arbitrale prononcée par Guillaume, évêque d'Agen, parce que Etienne de Béziers, chanoine d'Agen, et Franc de Montauban, nommés arbitres entre le chapitre d'Agen et l'abbé de Saint-Maurin, qui se disputaient la propriété et les décimes des églises nommées dans l'acte, n'avaient pu s'entendre.

Original; haut. 0ᵐ50, larg. 0ᵐ46. *Institut Catholique de Toulouse.*

Noverint universi quod, cum questio et controversia verteretur inter discretos viros capitulum Sancti Stephani Agennensis ex parte una, et venerabilem virum Willermum, Dei gratia abbatem monasterii Sancti Maurini dyocesis Agennensis, pro se et conventu suo ex altera, super ecclesiis de Fraisses et de Sancto Ursitio et de Gandalha, et Sancti Tyrcii et pertinenciis earumdem, et super medietatem decime parrochie ecclesie Sancti Amancii et medietate[m] decime ecclesie de Teirac ; tandem tractatoribus et amicis dictarum parcium intervenientibus, predicti scilicet capitulum Agennense pro se et successoribus suis, et abbas pro se et conventu suo et successoribus, compromiserunt scilicet venerabiles viros Magistrum Stephanum de Biterri, canonicum Agennensem, et Magistrum Francum de Monte albano, quibus predicte partes plenam et liberam dederunt potestatem, ut predictas questiones et controversias pace vel iudicio terminarent, promittentes per bonam, firmam sollempnem et legittimam stipulationem, quod ipsi tenebunt et in perpetuum observabunt quicquid predicti duo arbitri seu arbitratores super predictis controversiis seu questionibus, sicut dictum est, diffinient seu etiam pronuntiabunt. Verum actum fuit expresse inter partes predictas, quod si predicti duo arbitri seu arbitratores in aliquo articulo vel in aliquibus pertinentibus ad predictas controversias seu questiones dissentirent, venerabilis pater dominus Willermus, Dei gratia episcopus Agennensis, posset per se illam dissensionem seu discordiam qualitercumque vellet decidere seu etiam terminare, et quod illam decissionem quam ipse faceret seu ordinaret super premissis, predicte partes pro se et successoribus suis promiserunt per bonam et firmam ac legittimam stipulationem se in perpetuum servaturas et se nunquam contraventuras aliqua iuris subtilitate vel modo quocumque. Quod compromissum predictum tam dicti arbitri quam dictus dominus episcopus in se voluntate spontanea receperunt. Promiserunt etiam antedicte partes quod quicquid predicti duo arbitri seu arbitratores dicent, seu pronuntiabunt, iuris ordine servato vel etiam non servato, diebus feriatis vel non feriatis, ipsis partibus presentibus vel non presentibus, stando seu etiam sedendo una vice vel pluribus, si necesse fuerit, ipse partes pro se et successoribus suis in perpetuum et inviolabiliter observabunt; et si forte predicti arbitri seu arbitratores in aliquo vel in aliquibus dissentirent, promiserunt similiter et sub eadem forma dicte partes quod dictum seu laudum solius dicti domini episcopi, quicquid ipse dominus episcopus super premissis dixerit, in perpetuum pro se et successoribus inviolabiliter observabunt. Omnia autem predicta et singula promiserunt corporaliter prestito iuramento et sub pena centum marcharum argenti pro se et suis successoribus in perpetuum fideliter observare, videlicet dominus Odo archidiaconus Agennensis, dominus P. officialis Agennensis, Raimundus de Bovilla, Amalvinus de Cuzorn, Galterius de Taliva, Magister Petrus de Castelvernis, canonici ecclesie Sancti Stephani de Agenno pro se et pro toto capitulo ipsius ecclesie Sancti Stephani, ex parte una, et predictus Abbas et Bertrandus de Sent Gauzens, prior et sacrista Sancti Maurini, Petrus Delboze, Bertrandus de Sancto Paulo, Raimundus de Gadilhac, Doatus prior de Burgo, monachi predicti monasterii Sancti Maurini, pro se et pro toto conventu ciusdem monasterii, ex altera. Verumtamen actum fuit, de voluntate et assensu parcium predictarum, quod si aliqua de predictis partibus veniret contra id quod diffiniient seu dicent predicti arbitri seu arbitratores, vel etiam contra id quod dicet seu diffiniet dominus episcopus supradictus, predictam penam centum marcharum argenti solveret alteri parti servanti et servare volenti dictum, laudum, arbitrium seu diffinitum ab arbitris seu ab arbitratoribus supradictis, seu etiam dictum, laudum, arbitrium seu diffinitum a domino episcopo supradicto; et nichilominus predicta pena soluta vel non soluta dictum, laudum, arbitrium seu diffinitum a dictis arbitris seu arbitratoribus seu a dicto domino episcopo, firmum et stabile in perpetuum remaneret. Actum est hoc sexta die ab exitu mensis octobris, anno domini M°. CC°. quinquagesimo quarto. Huius rei testes sunt Johannes de Insula presbyter, Bernardus de Tortarel presbyter, Stephanus Coteler, Willelmus d'Agulho, clerici, dominus Willermus abbas Moysiacensis, dominus Augerius abbas Condomensis, Gassianus de Frontinhac, Jordanus de Conbabonet miles, Magister Aimericus de Cazalibus. Postmodum predicti arbitri seu arbitratores, una cum predicto domino episcopo, volentes procedere in dicto negotio et tractare de compositione amicabili super premissis, vocaverunt coram se partes predictas, apud Agennum, quinta die ab exitu predicti mensis octobris; et auditis petitionibus, et defensionibus et rationibus a partibus supradictis, predictis partibus coram eisdem constitutis et cum instantia postulantibus ab eisdem arbitris seu arbitratoribus et domino episcopo supradicto quod dictum et arbitrium suum pronuntiarent super premissis, predictus dominus episcopus, auctoritate predicti compromissi et ex potestate ab eisdem partibus sibi concessa, ut patet in compromisso predicto, quia predicti Magister Stephanus Biterrensis et Magister Francus in unum non poterant vel nolebant super premissis ad invicem concordare, taliter arbitrando pronuntiavit, quod predictum capitulum Sancti Stephani habeat in perpetuum ecclesiam de Fraisses et medietatem ecclesie Sancti Ursicii, cum proventibus et redditibus ac aliis pertinenciis suis; ita quod institutus in ecclesia Sancti Ursicii ad vitam suam administret ibidem; et post mortem suam, abbas Sancti Maurini qui pro tempore fuerit, et capitulum Sancti Stephani in predicta ecclesia Sancti Ursicii instituant alternis annis, nisi aliter de institutione poterunt convenire. Alias vero ecclesias et decimas predictas de quibus erat questio, habeat et possideat monasterium Sancti Maurini perpetuo sine aliqua materia questionis. Preterea tam de predictis ecclesiis et decimis quas ex forma predicti arbitrii debet habere predictum monasterium Sancti Maurini, quam etiam de ecclesiis et decimis infra scriptis, predictus dominus episcopus ordinavit, de voluntate et consensu capituli sui predicti, et ordinando concessit extra formam predicti compromissi, quod predictum monasterium Sancti Maurini in perpetuum habeat et possideat tanquam suas, pacifice et quiete, decimam parrochie ecclesie de Gandalha, et ecclesiam Sancti Martini de villa Sancti Maurini, et ecclesiam Sancte Marie de Ferrussac, et ecclesiam Sancti Pardulphi de Garguilhvila, et medietatem decime ecclesie Sancte Fidis prope castrum de Fespogh, et medietatem decime parrochie Sancti Juliani de Magaval, et ecclesiam Sancti Caprasii de Caozac, et medietatem decime parrochie Sancte Marie de Rocacorn, et ecclesiam Sancti Genesii de Golfugh, et ecclesiam Sancti Petri de Canbol, et ecclesiam Sancti Petri de Lalanda, et ecclesiam Sancti Petri de Siganhac, et decimam parrochie ecclesie de Calhavet, cum omnibus iuribus, decimis, redditibus et proventibus et pertinentiis earumdem, episcopi Agennensis salvo iure instituendi presentatos ab abbate Sancti Maurini qui pro tempore fuerit, visitandi, corrigendi et reformandi, et etiam salvo iure archidiaconi et archipresbiteri in ecclesiis et decimis antedictis; quod arbitrium et dictum predicta, et ordinationem et concessionem predictas, secundum formam predicti compromissi et extra, et omnia et singula supradicta laudaverunt, concesserunt, acceptarunt, et etiam approbaverunt predictum capitulum Sancti Stephani de Agenno pro se et successoribus suis, ex parte una, et omnes predicti monachi et abbas Sancti Maurini pro se et pro toto conventu dicti monasterii et successoribus suis, ex altera; promittentes firmiter dicte partes ad invicem gratis et voluntate spontanea, et de iure suo cerciorate, per firmam et legittimam stipulationem, quod omnia et singula supradicta firma, incommota pariter et illesa in perpetuum observabunt, et contra predicta vel aliquid de predictis non venient per se nec per aliquam aliam interpositam personam aliquo tempore vel loco, aliqua iuris subtilitate vel aliqua ratione vel modo quocumque; renuntiantes, sub religione predicti prestiti iuramenti, omni iuri scripto et non scripto, promulgato et promulgando, tacito et expresso, canonico et civili, et beneficio nove ecclesie constituende, et omni legum auxilio, et generaliter et specialiter omni iuri, usui, et consuetudini, et omnibus indulgentiis et privilegiis impetratis et impetrandis, et omnibus aliis auxiliis tam de iure quam de facto, quibus mediantibus vel adiuvantibus possent venire contra predicta vel aliquid de predictis; et predictus abbas et conventus debet, promisit et tenetur facere ratificari et approbari et ratum et gratum haberi a predicto conventu suo omnia et singula supradicta, prout bona fide melius et firmius fuerit faciendum. Acta sunt hec publice apud Agennum, in domo domini episcopi supradicti, predicta quinta die ab exitu predicti mensis octobris, anno domini Mᵒ. CCᵒ. quinquagesimo quarto. Testibus presentibus, videntibus et audientibus viris venerabilibus et discretis dominis Augerio abbate Condomensi, Willelmo abbate Moysiacensi, Pontio de Pestilhac abbate Clariacensi, Bernardo Jordani abbate Exiensi, Hugone de Rupeforti priore de Portu Sancte Marie, Magistro Galabruno priore Sancti Caprasii de Agenno, Magistro Aimerico de Casalibus, Gausberto Gerral milite, Jordano de Conbabonet milite, et me Willelmo de Mazeto, publico notario Agenni, qui predictis omnibus et singulis vocatus et rogatus a predictis partibus, et a pre-

dictis arbitris, et domino Agennensi episcopo, interfui et predicta omnia in formam publicam, de voluntate et consensu
predictorum domini episcopi et arbitrorum, et predictarum
parcium, scripsi et redegi, conficiens inde quatuor publica
instrumenta unius eiusdemque tenoris signo meo consi-
gnata; quorum instrumentorum duo fuerunt sigillata, videlicet unum instrumentum sigillatum sigillis predictorum
domini episcopi et capituli Sancti Stephani de Agenno, et
aliud instrumentum sigillatum sigillis abbatis et conventus
Sancti Maurini predictorum; et eorumdem quatuor instrumentorum habuerunt duo, videlicet unum sigillatum predictis sigillis predictorum domini episcopi et capituli Sancti
Stephani, et aliud non sigillatum, abbas et conventus Sancti
Maurini predicti; et alia duo, unum videlicet sigillatum predictis sigillis abbatis et conventus predictorum et aliud non
sigillatum habuit capitulum supradictum, regnante domino
Alfonso Tolosano comite, et Willermo Agennensi episcopo.

XXII

23 Octobre 1260. — Preuve par témoins faite, à la demande de Fr.
Simon, procureur de la maison des Hospitaliers de Saint-Jean
d'Acre, devant Jean Pasca de Baro, chantre d'Arsinoë et official de
Fr. Thomas, des frères Prêcheurs, évêque de Bethléem, légat du
Saint-Siège, qu'Arnaud Largent (*de Saona*) a légué aux Hospita-
liers 50 liv. tournois, à la charge d'héberger un jour ou deux les
Frères, jusqu'au nombre de deux, ayant pris passage pour la Terre-
Sainte.

Original; haut. 0ᵐ57, larg. 0ᵐ19. *Soc. arch. du Midi de la France.*

In nomine sancte et individue Trinitatis. Amen. Anno a
nativitate Domini millesimo ducentesimo sexagesimo,
indictione tertia, die vicesimo tertio mensis octobris, frater
Symon, procurator Magistri et conventus domus Hospitalis
Sancti Johannis Jerosolimitani in Accon, timens ne super
subscriptis articulis processu temporis, posset ipsi hospitali probationis copia deperire, cum ea que continentur in

ipsis non fuissent in publicam formam redacta, a nobis
Magistro Johanne Pasca de Baro, cantore Famagustano,
officiali et generali auditore Reverendi patris fratris Thome
de ordine Predicatorum, Dei gratia Bethleemitani episcopi (1), Apostolice Sedis legati in partibus cismarinis, pro-
videri super hoc humiliter secundum iustitiam postula-
verit ; nos igitur iustis ipsius procuratoris petitionibus
annuentes, ne lapsu temporis per mortem illorum testium
per quos ipse procurator probare dictos articulos inten-
debat, dictum hospitale suis iuribus fraudaretur, facta
publice proclamatione in loco debito apud Accon, ut, si
aliqui essent quorum interesset venirent et interessent si
vellent, et interessent receptioni testium predictorum, testes
subscriptos quos idem procurator super hoc presentavit
recepimus et examinavimus diligenter, et eorum dicta per
manum Acurcuri de Firmo, notarii publici, qui ad hoc interfuit, in publica redigi fecimus munimenta et sigillo predicti
domini legati muniri ad cautelam eiusdem Hospitalis, futu-
ram rei memoriam et, ipsius negotii perpetuam firmitatem.
Prescripti vero articuli, nomina testium ipsorum et eorum
dicta sunt hec :

Intendit probare frater Symon, procurator Magistri et
conventus sancte domus Hospitalis Sancti Johannis Jerosolimitani, quod Arnaldus de Saona pro Deo et anima sua
legavit seu reliquid pauperibus infirmis dicte domus Hospitalis predicti libras quinquaginta Turonen.

Item, quod dictus Arnaldus dixit et voluit quod quando-
cumque unus frater vel duo fratres, vel confrater dicti
Hospitalis facerent transitum per saonam dicti Arnaldi
quondam, hospitentur et victualia per unam vel per duas
dies habeant.

Frater Gerardus, casalarius dicte domus Hospitalis,
testis iuratus et interrogatus super primo articulo qui sic
incipit : Intendit probare frater Symon, etc., respondit
vera esse que in articulo continentur. Interrogatus quomodo scit, respondit quod fuit presens, interfuit et audivit.

Interrogatus utrum dictus Arnaldus esset tunc infirmus vel sanus, dixit quod erat infirmus. Interrogatus de loco, dixit quod fuit in civitate Accon., in domo Jacobi Grassi, in qua iacebat infirmus. Interrogatus de tempore, dixit quod nondum est annus. Interrogatus de mense, dixit quod mense iulii primo preterito, XXVI° die eiusdem mensis. Interrogatus de presentibus, dixit quod frater Durandus, infirmerius dicte domus Hospitalis, et Gilbertus Scriba. Interrogatus utrum ex illa infirmitate fuerit mortuus, dixit quod sic. De causa sciencie interrogatus, dixit quod vidit eum mortuum et fuit cum eo usque ad sepulturam. Interrogatus ubi fuit sepultus, dixit quod in symiterio Sancti Michaelis Acconen. Interrogatus de tempore quo fuit mortuus, dixit quod per quindecim dies post dictam divisam, vel parum plus aut parum minus. Item, interrogatus super secundo articulo qui sic incipit : Item, quod dictus Arnaldus, etc., dixit vera esse que in eo continentur. De causa scientie, loco, tempore, de presentibus et aliis circumstantiis, dixit ut supra in primo articulo. Item, dixit quod vocatus et rogatus fuit testis super predictis a dicto Arnaldo.

Frater Durandus, infirmerius domus Hospitalis predicti, testis iuratus et interrogatus super primo articulo, qui sic incipit : Intendit probare frater Symon, etc., dixit verum esse quod in articulo continetur. Interrogatus quomodo scit, dixit quod presens fuit, interfuit et audivit. Interrogatus utrum dictus Arnaldus esset tunc sanus vel infirmus, dixit quod erat infirmus. Interrogatus de loco, dixit quod Accon, set nescit nomen domini domus. Interrogatus de tempore, dixit quod in anno presenti, mense iulii proximo preterito. Interrogatus de die mensis, dixit quod non recordatur. Interrogatus de presentibus, dixit quod frater Gerardus, casalarius dicte domus Hospitalis, et Gilbertus Scriba, et alii de quorum nominibus non recordatur. Interrogatus utrum dictus Arnaldus decesserit ex infirmitate predicta, dixit quod sic. De causa sciencie interrogatus, dixit quod vidit eum mortuum. Interrogatus ubi fuerit sepultus, dixit quod in cimiterio Sancti Michaelis Accon., quod est dicte domus. Interrogatus quanto tempore vixit dictus Arnaldus post dictam divisam, dixit quod quindecim diebus, vel parum plus, aut parum minus. Item, interrogatus super secundo et ultimo articulo, qui sic incipit : Item, quod dictus Arnaldus, etc., dixit vera esse que in articulo continentur. De causa sciencie, loco, tempore et de presentibus et aliis circumstantiis interrogatus, dixit ut in primo articulo.

Gilbertus Scriba testis iuratus et interrogatus super primo articulo qui sic incipit : Intendit probare frater Symon, etc., dixit verum esse quod in articulo continetur. De causa sciencie, dixit quod fuit presens et scripsit divisam seu testamentum ipsius Arnaldi in gallico, ipso Arnaldo dictante ; et postquam scripsit, legit totam illam divisam coram dicto testatore, qui confirmavit et approbavit totum, ut scriptum erat. Interrogatus utrum dictus Arnaldus esset tunc infirmus vel sanus, dixit quod infirmus. De loco, tempore, mense et die interrogatus, dixit per omnia ut frater Gerardus primus testis. Interrogatus de presentibus, dixit quod frater Gerardus, et frater Durandus, fratres Hospitalis, ipse testis, Jacobus de Perpeniano, serviens dicti Arnaldi, et quedam mulier cuius nomen ignorat. Interrogatus utrum ex illa infirmitate fuerit mortuus, dixit quod sic. De causa sciencie, dixit quod vidit corpus portari ad cimiterium per fratres dicti Hospitalis, et dicebatur quod erat corpus dicti Arnaldi, et audivit sonari campanas pro eo. Interrogatus ubi fuit sepultus idem Arnaldus, dixit quod non vidit eum sepeliri, set audivit quod sepultus erat in cimiterio Hospitalis. Item, interrogatus quanto tempore vixit dictus Arnaldus post dictam divisam, dixit quod parum vixit ; tamen non est certus quantum vixerit postea. Item, interrogatus super secundo articulo qui sic incipit : Item, quod dictus Arnaldus, etc., dixit verum esse quod in articulo continetur. Interrogatus de causa sciencie, dixit quod presens fuit et audivit ab hore dicti Arnaldi et scripsit de mandato suo. Interrogatus de loco, tempore, presentibus et aliis circumstantiis, dixit per omnia ut in primo articulo. Item, dixit quod vocatus et rogatus fuit testis a dicto Arnaldo super omnibus predictis. Similiter et frater Durandus precedens testis, dixit quod ipse fuit vocatus et rogatus testis a predicto Arnaldo super omnibus predictis, licet per oblivionem fuerit omissum in fine dicti sui supra proxime.

Actum Accon, in domo nobilis viri domini Philippi de Monte forti, domini Tyri, in qua quidem domo morabatur dominus Legatus predictus.

Et ego Acurcuri de Firmo auctoritate apostolica notarius publicus, presentationi, et iuramentis ac depositionibus dictorum testium vocatus interfui, et ipsorum dicta seu depositiones sub examine dicti officialis seu auditoris domini Legati supradicti, recepi et scripsi, ac de mandato eiusdem officialis et requisitus sive rogatus a fratre Symone antedicto, de originalibus transcripsi fideliter et in hanc formam publicam redegi.

XXIII

10 Juin 1263. — Sentence arbitrale prononcée par Philippe de Boissy, sénéchal du Rouergue, maître Eudes, lieutenant du comte de Poitiers, Rainaud de Chartres et Willem Bernard de Dax, inquisiteurs, touchant la perception de la taille pour la construction de l'église de Najac.

Original ; haut. 305^{mm}, larg. 386^{mm}. *Soc. arch. du Midi de la France.*

Conoguda causa sia als presens eclara als endevenidors, que cum contrastz e discentios fos entrel comunal maior del castel de Naiac d'una part, el comunal menor d'aquel meteihs castel, d'autra, per razo de las taillas que hom fazia e volia far a la messio e a la despessa de la obra que era comenssada de la gleia de San Johan ques fa es deu far el davan dig castel, e d'aquel contrast e d'aquela discentio fos estatz faigs adecxs e adordenamens per lo senihor Bertolmeu de Landrevila cavalier, castela de Poigcelsi, fill del senihor P. de Landrevila cavalier, que era senescalcs

en aquel temps de Rozergue e de Albeges, ab cosseill de
maestre R. Cappella, iutgue del dig senihor senescalc, segon
que en unas letras sageladas del sagel del dig senihe Bertolmeu, que tenia loc en aquel temps del davan dig senihor
senescalc, som paire, e del sagel del iutgue davan dig,
era pleneirament contengut; la tenors de lasquals cam-
biada de lati en romans es aitals coma se sec apres :
Conosco toig li universi que cum dezacortz e controvercia
entrel poble menut de Naiac fos d'una part, els maiors del
dig castel d'autra, sobre quistas e demandas ques fazio e
s'ero fachas, e convenio a far el castel de Naiac per la obra
de la gleia de San Johan; en lasquals quistas e demandas lo
pobles menutz davandigs dizio que ero eill mout agreviaig,
e quar sobre la tailla ques per la dicha gleia se demandava
nis volia os covenia a far las dichas partidas entre lor nos
podio acordar, s'otzpauzero se a la voluntat e a la ordenatio
del noble baro senihe Bertolmeu de Landrevila, cavalier,
castela de Poigcelsi, fazen las vegadas del senihor P. de
Landrevila, cavalier, senescalc de Rozergue e d'Albeges,
som paire. Loquals davandigs senihen Bertolmeus agut
diligent tractament entre las dichas partidas de cosseil d'en
R. Cappella, iutgue del dig senihor senescalc e d'autres bos
homes del dig castel, acochada delhivranssa davant aguda,
determenet en aital maneira coma se sec la controvercia
davan dicha. Em primairia qu'en G. Carreira done e sia
tengutz de pagar en cascuna quista ques fara per occaio
de la obra de la dicha gleia el davandig castel, de qualque
quantitat sia, de cascuna somma de L. lib. de Caorc. XL.
sols de la dicha moneda, en B. R., en Berenguers fraire
XX. sols, e toig li autre del davandig castel que an e pos-
sezisso bes mobles e no mobles, o se movens, per egal
pago a la dicha obra de la gleia davandicha en las dichas
L. lib., segon que mai o meinhs li be de lor seran estimaig
a la valor dels bes dels davandigs fraires B. R., en Be-
renguer, entro a daquels als quals non aparo alcus bes que
son dig e aparo comunalment paupre, li qual no sio cons-
treig de donar outra III. den. o quatre a la paga de la dicha
quista de las L. lib. davandichas; e se outra las L. lib.

davandichas de la dicha tailla cant sera taillada i remanra
alcuna causa aquo que i remanra sia entret caig de cascu
de la tailla en que sera taillatz de totz aquels que peiarau
dal menor entro al dig G. Carreira. La quals tailla deu
esser facha per bos homes a daiso especialment elegitz,
so ez avezer per en Donat, per en B. de Combelas, e per
en Ricart, e per los cossols del dig castel : li qual toig
iurarau fizelment adumplir totas las davandichas causas.
En testimoni de laqual causa lo digs senihen Bertolmeus,
el davandigs R. Cappella a la pagena davandicha lor
sagels apauzero. Aiso fo faig a Naiac, XVII° kl. iulii, anno
Domini M. CC. LX. II. — E cum segon aquest adordenament
davandig fos facha apres una tailla el davandig castel per
en Donat, e per en B. de Combelas, e per en Ricart, e per
los cossols del dig castel, volgro e cossentiro et autreiero
lo senihen Phelips de Boissi, cavaliers, senescalcs de
Rozergue per l'onrable senihor comte de Peitieus e de
Tholosa, e Maestre Hodes de la Motoneira, tenent loc de
mosenihor lo davandig comte el comtat de Tholosa, e fraire
Rainoutz de Chartres, e fraire Willems B. d'Aicxs de l'orde
dels Prezicadors, enqueredor de la cruel heretgiva el comtat de Tholosa, tramessi per mo senihor l'apostoli, que
aquela tailla davandicha que facha era el dig castel per
los davandigs cossols, e per en Donat, e per en B. de Combelas, e per en Ricart, sia facha per tota hora aitant cant
la obra de la dicha gleia durara, segon que escricha es els
escrigs dels cossols, ni segon aquels escrigs s'escriura e
forma e en carta publica per la ma den B. Ribeira, notari
public de Naiac, en aisi so es asaber que aquela quantitat
que hom volra levar del dig castel a la obra ni per la obra
davandicha sia demandada e levada per los cossols del dig
castel, sia mai sia meinhs, per razo de la davandicha tailla
que facha ni levada es. Salv e retengut que sio elegig e esta-
blig quatre prohome comunal deldig castel, li qual tota
hora cant se volra levar alcuna quantitatz deldig castel per
razo de la obra davandicha, segon que conoisserio o entendrio a lor leieutatz et a lor sagrament que li be d'alcuna persona deldig castel se serio cregug o meilluraig, o mermaig,

o sordeiaig del temps que l'autra tailla fo facha entro a
daquel temps en que aquela se volria levar, posco mermar
o creisser de la tailla d'aquela persona, segon lo meillurier
ol peiurier que auria pres ni eill i entendrio leialment, e que
aqueill quatre prohome davandig se cambio cadan cant
li cossol se cambiarau, e que cadan per aquels quatre que
i serau sio elegig li autre quatre que venrau apres. E li davandig senihor lo senescalcs, e maestre Hodes e li fraire enqueredor ab cosseill d'alcus autres prohomes deldig castel
helegiro los primiers a per nom P. Ademar, en Berenger
R., en Bertran Guido, en Bernado de la Boria. E en aisi
coma es davandig, comandero e laissero establit li davandig
senihor lo senescalcs, e maestre Hodes, e li fraire enqueredor, que fos faig e tengut e gardat per cascuna de las
partz davandichas, e que neguna no vengues ni pogues venir encontra. E se o fazia, quel senescalcs davandigs o
aqueill que i serio per lo dig senihor comte, o fezesso tener
e gardar als us e als autres e a cascu fermament, e en aisi
que o promes als autres lo senescalcs davandigs que o faria
tener e gardar e estar ferm; e a mai de fermetat e de valor
que aio e posco aver aquestas causas sobdichas, lo senescalcs davandigs, e maestre Hodes, e li dig fraire enqueredor
donero ne enfeiro far la present publica carta, e volgro que
fos del propri sagel de cascu de lor sagelada. Mas empo sia
saubut que aquest adordenament no fau, ni entendo a far,
ni volo que posca far negun preiudici en alcuna causa ad
alcuna de las dichas partidas en deguna ni per neguna autra
quista ni tailla, mas tant solament ad aquo que per la obra
de la dicha gleia, aitant cant la dicha obra durara, se leva-
ria. Aquest adordenamens e aquestas causas davandichas
foro fachas a Naiac, dins la clausura sobirana del cap del
castel, IIII° idus iunii, anno Domini M. CC. LX. III., domino Alfonso regnante comite Tholosano. Em presencia e
en testimoni de fraire Uc Ahim, de fraire P. Blegier, de
fraire Jaufre de Thomasvila, de l'orde dels Prezicadors, d'en
P. Sanchas, cappella de San Jolia, d'en Johan Torpi, castela de Naiac, d'en Phelip Polier, notari dels enqueredors e
dels cossols que ero alara de Naiac, apernom d'en B. de Com-

belis, d'en Uc Donat, d'en G. Ramondi, d'en P. Ribeira, d'en
B. Marssal, e d'en Uc d'Aradas, et d'autres que non ero
cossol, d'en Donat, d'en P. Donat, de maestre B. Ahim, d'en
Gauthier de Panat, d'en Uc de Combelas, d'en P. de Combelas, d'en G. de Combelas, de maestre Berenger notari,
d'en R. Bardet notari, d'en B. Fargas notari, e de ganre
d'autres dels maiors e dels menors deldig castel que i
ero vengug e iustaig per aquest faig sobre dig, e de mi
B. Ribeira, public notari de Naiac, que de mandament del
senihor senescalc sobre dig, e de mestre Hodes, e delsdigs
fraires enqueredors, aquesta carta escrissi e mo senihal i
pauzei (1).

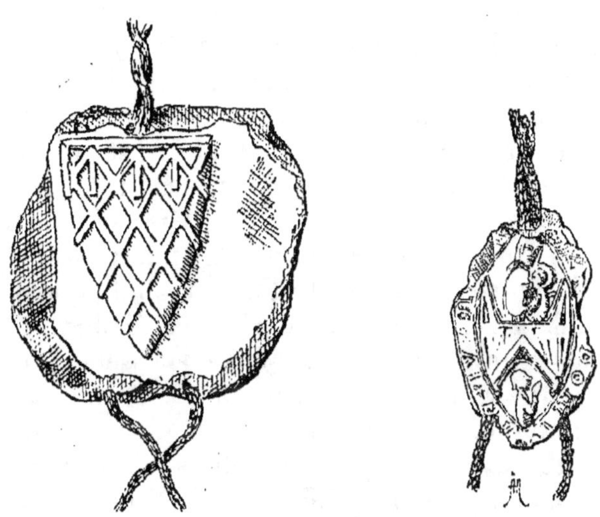

(1) La pièce portait quatre sceaux : deux seulement ont été conservés.

XXIV

23 Octobre 1298. — Vente par Géraud Auzoy de Rodez, à Guillaume
de Pessoles de Rodez, d'une pièce de terre située à Camonil. Parmi
les confronts, la vigne de Pierre Moret.

Original; haut. 503ᵐᵐ, larg. 306ᵐᵐ. *Fonds de M. Joseph de Bonald.*

In nomine Domini. Amen. Anno eiusdem Mº CCº nona-
gesimo octavo, die iovis post festum Beati Luche evange-
liste. Noverint universi hoc presens publicum instrumentum inspecturi, quod ego Geraldus Auzoy de civitate
Ruthenensi et ego Guillelma mater dicti G., nos ambo et
uterque nostrum in solidum, non decepti, nec in aliquo cir-
cumventi, certi de facto nostro et de iure cerciorati, et cum
hoc publico instrumento nunc et in perpetuum valituro,
vendimus, tradimus, vel quasi tradimus, et nunc et in
perpetuum desamparamus vobis Guillelmo de Pessolis de
civitate Ruthenensi quandam petiam terre sive faissam nostram, sitam in loco vocato de Cambonilh, quam tenebamus
a vobis, ad censum annuum trium solidorum Ruth., cum
vendis et investitionibus, cum locus esset, confrontatam ex
una parte cum prato venerabilium virorum capituli Ruth.,
et ex alia parte cum vinea Petri Moret, et ex alia parte
cum affario liberorum et heredum Petri Florens condam,
et ex alia parte cum quadam via a superiori, et si qui alii
sunt confines. Quam venditionem vobis dicto Guillelmo
facimus presenti, ementi et recipienti, pro precio quinquaginta solidorum Ruth., quos habuimus et recepimus a vobis
in bona pecunia numerata, ita quod de vobis supra dicto
precio nos habemus et tenemus pro bene paccatis et con-
tentis. Et de predicta faissa seu petia terre nos et nostros
divestimus, investientes de eadem vos et vestros quoslibet
successores, dantes et concedentes vobis licenciam et auctoritatem adipiscendi possessionem corporalem dicte faisse

seu petie terre pro vestro arbitrio voluntatis; et quousque
possessionem corporalem predictam adeptus fueritis, cos-
tituimus nos predictam faissam vestro nomine precario
possidere; et promittimus vobis stipulanti et teneri volumus de evictione universali et particulari rei vendite et
superius confrontate, et si plus valet dicta faissa seu
petia terre dicti precii, vel in futurum plus valebit, totum
illud plus vobis donamus donatione pura et simplici et
irrevocabili inter vivos. Et promittimus vobis quod non
diximus, nec fecimus, nec in futurum dicemus vel faciemus
quominus predicta venditio robur obtineat firmitatis. Et
pro predictis omnibus et singulis attendendis, servandis
et complendis, obligamus vobis nos et omnia bona nostra
mobilia et immobilia, presentia pariter et futura, et renun-
ciamus specialiter et expresse exceptioni non numerate,
non habite et non recepte peccunie, et errori calculi, et
restitutioni in integrum, et omni condictioni indebiti ob
causam et sine causa et ob iniustam causam, et generali
clausule : Si qua michi iusta causa videbitur ; et ego dicta
Guillelma renuncio specialiter et expresse senatui con-
sulto Vell., et iuri ypothecarum dotis mee, et legi Julie
de fundo dotali, et : Autem si a me et si qua mulier, et
omni alii iuri generaliter, atque legi per quam seu quod
contra predicta venire possem vel aliquod premissorum. Et
pro predictis omnibus et singulis attendendis et complendis,
obligamus vobis nos et omnia bona nostra presentia pariter et futura ; et hoc tenere, servare et contra non venire
iuramus ad sancta Dei evangelia a nobis corporaliter manu
tacta. Actum in civitate Ruthene, in domibus dicti Guillelmi
de Pessolis, anno et die quibus supra. Testes fuerunt ad
hoc vocati et rogati Guillelmus de Calomonte domicellus,
et Moysen lo Sartre, Guillelmus Sabatier, et ego Bernardus
Obrerii publicus notarius civitatis et episcopatus Ruthenensis, qui rogatus hoc publicum instrumentum scripsi et
signo meo consu[e]to signavi.

XXV

Fin du xiiie siècle. — Extrait de la Règle et Constitutions de
Cîteaux.

Manuscrit de M. de Saint-Blanquat, à Saint-Lizier ; haut. 177^{mm}, larg. 134^{mm}, fol. 35.

INCIPIUNT capitula V. distinctionis.

I. De sigillis et sigillatione litterarum.
II. De expensis abbatum vel officialium. De Collo-
    quiis.
III. De prioribus, quod nichil habeant proprium.
IIII. De computationibus cellararii.
V. De grangiis non comittendis nisi cellerario.
VI. De magistro conversorum.
VII. De infirmario.
VIII. De vestiario.
IX. De custodia claustri.
X. De peccunia penes officiales non custodienda.
XI. De iudicio sanguinis non exercendo.

I. De sigillis et sigillacione litterarum.

Nullus abbas sigillo suo litteras permittat, nisi prius eas
viderit, sigillari, nec pargameno vacuo sigillum suum
apponi neque duo sigilla habere presumat ; nec conventus
sigillum proprium habeat, set nec prior; nec alii officiales
sigilla habeant in quibus nomen abbacie contineatur; alioquin, quamdiu habuerint omni sexta feria sit in pane et
aqua; nec in sigillis ordinis discordia habeatur, set sola
effigie cum baculo, vel cum sola manu et baculo figuren-
tur. Nec unquam in cartis suis ponant aliqui de ordine
nostro : Hoc vel illud promisimus in verbo veritatis.

II. De expensis abbatum vel officialium.

Precipitur ut tam abbates quam alii officiales expensas accipiant de communi, et in singulis computationibus quod expendunt exprimere non omittant. Dona vero que fecerint abbates, priores et cellerarii, scribantur et in computationibus recitentur. Nec pro expensis redditus habeant aut proventus specialiter assignatos; quamdiu hoc *(sic)* habuerint, quia species proprietatis est, ab officio altaris abstineant.

XXVI

xive Siècle. — Reliques de Saint-Sernin.

Bibl. publ. de la ville de Toulouse, Manuscrit 75, fol. A., xiv° sièc.

Sequntur nomina sanctorum quorum corpora requiescunt in ecclesia Sancti Saturnini Tholose.

Et primo corpus beati Jacobi maioris et caput eiusdem.

Item, corpora sanctorum Philippi et Jacobi minoris, preter caput quod est in Galitia.

Item, corpora sanctorum apostolorum Symonis et Jude.

Item, corpus beati Barnabe apostoli.

Item, corpus beati Saturnini.

Item, corpus beati Exuperii.

Item, corpus beati Silviy.

Item, corpus beati Papuli.

Item, corpus beati Ylarii.

Item, corpus beati Honorati.

Item, corpus beati Egidii abbatis.

Item, corpora sanctorum Cirici et Julicte.

Item, corpus beati Honesti confessoris.

Item, corpus beati Claudii martiris.

Item, corpus beati Nychostrati martiris.

Item, corpus beati Sinphoriani martiris.

Item, corpora Sanctorum Castorii et Simplicis.

Item, corpus beati Georgii martiris.

Item, corpus beati Aymundi, confessoris et regis Anglie.

Item, corpora sanctorum Achili et Victorie.

Item, corpus beati Gilberti abbatis.

Et multa alia corpora sunt in dicta ecclesia, quorum nomina ignoramus pre nimya antiquitate.

Corpora sanctorum in pace sepulta sunt et vivent nomina eorum scripta in eternum.

ỳ. — Mirabilis Dominus.

℟. — In sanctis suis.

ORATIO.

Propitiare quesumus, Domine, nobis famulis tuis [per] sanctorum tuorum Jacobi, Saturnini, Exuperii, Egidii aliorumque sanctorum, quorum reliquie in presenti ecclesia habentur, merita gloriosa, ut eorum pia intercessione ab omnibus protegamur adversis. Per.....

XXVII

XIVᵉ SIÈCLE. — Vie de saint Augustin en vers.

Bibl. pub. de la ville de Toulouse, Manusc. 109, fol. 17.

METRUM DE VITA SANCTI AUGUSTINI

Hic Augustinus infans natu Tagatinus
Patricio patre, Monica venerabile matre,

Traditur ipse scole discenda caput sine mole
Quo lectura dabat acie mentis penetrabat.

Grammatice partes et rethorice docet artes,
Culmen doctorum transcendens ipse suorum.

Incidit error ei condempnati Manichei,
Qui credit fictum natum de Virgine Christum.

Errorem nati defflet mater viciati ;
Regula monstratur qua secum stare profatur.

Esto secura, quia Christus erit sibi cura :
Filius istarum non perdetur lacrimarum.

Hinc mare transivit, matrem fallens, et abivit.
Eiulat hec plorans, pro nato iugiter orans.

Mox ut ventavit Romam, sua fama volavit
Undique de florum paradigmate rethoricorum.

Consilio sano proceres de Mediola[no]
Romam miserunt, sibi rethoricam petierunt.
Sic destinatur, Augustinusque probatur ;
Rethor preclarus fit, et Ambrosio bene carus.

Predicat Ambrosius, auscultat sedulus Augus-
Tinus, huic herens, verbo non rebus inherens ;
Paulatim cedit error, demumque recedit ;
Nam fidei lumen logyce subfuscat accumen.

Inde sequens natum mater cepit renovatum,
Non plene sanum, set nec errore prophanum.
Inventum vanum spernens, ad Simplicianum
Pergit et addiscit formam qua vivere gliscit.

Narrat Poncianus Affer, miles veteranus,
Huic heremitarum vitas exemplaque patrum.

Compunctus flevit, in seque sub arbore sevit
Quamdiu, cras et cras, cur non fuit modo : cras, cras.
Celitus audita vox est crebro repetita,
Dicens : « Tolle, lege, satis errasti sine lege. »

Surgit ad hunc cantum cepitque remittere planctum
Commonitus mire, librum festinat adire.
Quo prius impegit occulos in codice legit.
Lux secura datur, dubitatio cuncta fugatur.

Alipio legit seriem, qui lecta relegit.
Ast ubi punctavit, sibi quod sequitur propriavit,

Protinus intravit ad matrem, cui reseravit
Rem gestam, gaudens fit et hec solamine plaudens.

Rus procul elegit, fidei rudimenta peregit.
Scripturas legit, sesc sibi mente subegit.

Dum dolor obsedit dentes et lingua resedit.
Scripsit et oratur, subito dolor ille fugatur.

Inde fide gnarum divino lumine clarum
Ambrosius lavit et fonte sacro renovavit.
Pergunt gaudentes, Christo laudes referentes,
Ympnum componunt, [et] laudum carmine promunt.

Mox baptizatus, fratres heremi comitatus,
Se quibus adiunxit, habitum zonam quoque sumpsit.

Instinctu matris tendens sublimia patris,
Proposito sano petit hic a Simpliciano
Fratres donari sibi, qui secum comitari
Possit Yponem plantandam religionem.

Fratribus optentis, it cum solamine mentis ;
Custos dum peragrat, heremitarum loca lustrat.
Hinc Centum cellis fratres dulcedine mellis
Sermonum pavit monitisque piis solidavit.

Urbem Romanam properat sectamque prophanam
Conterit atque reos debachatur Manicheos.

Ostia dum transit Tyberina, dolens ibi mansit,
Mater obiit leta celesti lumine freta.
Hinc mare conscendit et ad Affrica litora tendit ;
Prosper adest ventus et amicis fit beneventus.
Agros applicuit proprios propriumque reliquit ;
Pauper apostolicam formam sibi duxit amicam.
Orans ieiunat, fratres sibi compares adunat ;
Libros scribebat, indoctos ipse docebat.

Hic venit Yponem et amico religionem
Suadet atque locum querens a gente remotum ;
Quo sibi spiratum reddat domino famulatum,
Nectine monstratus locus est sibi desideratus.

Inde favoratus a Valerio,
Claustrum construxit heremo quo vivere duxit ;
Ad patrum vitas sibi consocians heremitas,
Sparsos collegit et in unum corda redegit.

Normam sanctorum componit apostolicorum ;
Communem vitam statuens votis stabilitam :
Hac Venus abcedit, prelato quivis obedit;
Nil proprium cuique fit, set communia queque,
Et caro domatur, lis noxia non dominatur ;
Lectio mensalis cibus hiis fit spiritualis.
Sic ex tunc rite dicti fratres heremite
Sunt Augustini : procedunt undique bini.

Presbyter invitus mox est... redimitus,
Doctrina sana, repullit qua cuncta prophana.

Predicat et frangit hereses, sacra dogma[ta] pangit,
Componit mores, vanos depellit honores.

Valerio votum fuit ipsius bene notum ;
Ortum donavit, ubi claustrum mox situavit.

Hos pater antiquus fratrum devotus amicus
Valerius visit et eis pia xenia misit.

Fratribus imbutis datur hiis, ut verba salutis
Plebibus exsolvant, animarum vincula solvant.

Predicat hic genti verbum vite sicienti
Frater in ambone, de sacra religione.

Tunc Fortunatum Manichei dogmate flatum
Congressu stravit rationibus et serravit.
Hinc violentatur, in pontificemque sacratur.
Conclamant dignum cuncti iustumque benignum.

Presul ut eluxit in episcopio, sibi struxit
Claustrum in quoque vixit et canonicos ibi fixit.

Normam quam pridem tulerat dat et hiis pater idem
Hiis dat adoptatam, set fratribus appropriatam.
Formula mutatur, set regula non variatur.

Dum strepitum fugit, ad fratres sepe refugit
Quos exortatur, in lege Dei meditatur.
Libros dictabat studio precibusque vacabat ;
Sicque restauravit populique cura vetavit
Fratribus Ypone coram positus in agone
Patris obdormivit in ea pace quasi sitivit.

In solis lumen qui fixit mentis accumen,
Nunc bibit eterno gustu de corde paterno.

Barbarica gente tunc Yponem feriente
Sardiniam latum corpus fuit et tumulatum.

Hinc Lumbardie regalis villa Papie
Ductu Liutbrandi fovet ossa patris benedicti.

Ordinis hic bini confratres urbe Tycini
Concelebrant leti patris munimine freti.

Idem namque pater, eadem quoque regula mater,
Insimul hos unit quos una basilica munit.

Explicit Metrum de vita sancti Augustini.

XXVIII

14 Mars 1313 (n. sty.). — Délai jusqu'à la Pentecôte, accordé par les
vicaires généraux de Rodez, l'évêque étant alors légat en Terre-
Sainte, aux consuls de Najac, pour clore de murs le cimetière
dudit lieu.

Original ; haut. 110^{mm}; larg. 177^{mm}. *Soc. arch. du Midi de la France.*

Vicarii generales in spiritualibus et temporalibus Reverendi in Christo patris domini P. (1), Dei gratia episcopi
Ruthenensis, ad partes ultramarinas pro Terre Sancte
negocio Apostolice Sedis legati (2), viris prudentibus et
discretis consulibus castri de Naiaco salutem in Domino.
Cum hoc anno vos et universitas dicti castri, ut intellexi-
mus, in generali moniti canonice fueritis per religiosos viros visitatores dicti domini nostri, ut infra certum tempus
cimiterium ecclesie de Naiaco iuxta sinodalem constitu-
tionem clauderetis, vosque, ut dicitur, propter aliqua ratio-
nabilia hoc facere tam breviter minime valeatis, licet vos
iuxta ordinationem nostram hoc facere offeratis, nos volentes vos prosequi favore gratie specialis, dictam moni-

(1) Pierre Pleine- Chassagne, de l'ordre de Saint-François (1302-1318).
(2) Légat en 1310 (n. sty.). Raynaldi ; Baluze, *Vitae pap.* ; Bénédictins du Mont-Cassin,
Regestum Clementis Pape V, n°s 4491-4516; *Gallia christ.,* I, 216.

tionem et eius effectum ex dictis causis iustis usque ad instans festum Penthecostes prorogamus et suspendimus in hiis scriptis. Datum Ruthene, sub sigillo communi vicarie nostre, die mercurii post festum beati Gregorii, anno Domini Mᵒ. CCCᵒ. duodecimo. Fas.

XXIX

26 Mai 1313. — Appel de la sentence du sénéchal de Carcassonne et de Béziers, relevé par Guillaume Ayssa, procureur de la commanderie de Douzens et Brucafel. Liquidation des biens du Temple.

Original; haut. 0ᵐ38, larg. 0ᵐ21. Soc. arch. du Midi de la France.

Anno Dominice incarnacionis millesimo tricentesimo tercio decimo, die sabbati post festum Ascentionis Domini, domino Philippo rege Francorum regnante. Noverint universi quod existens et constitutus frater Guillermus Ayssa, procurator et nomine, ut dixit, procuratorio nobilis et religiosi viri domini Aymerici de Tureyo, militis, preceptoris domus de Dozinchis et de Burcaffolhs, in presencia venerabilis ac discreti viri domini Fulconis de Tornacho, clerici, domini regis iudicis maioris senescallie Carcassone et Biteris, obtulit et presentavit eidem quandam papiri cedulam scriptam, appellans et provocans, ut in ea continetur, quam in eiusdem domini iudicis maioris presencia per me Guillelmum Jordani, notarium infrascriptum, legi fecit; cuius tenor talis est :

Cum in quadam causa appellationis que ventilata extitit coram vobis venerabili viro domino Fulcone de Tornacho, iudice maiori senescallie Carcassone et Biteris, ex comissione vobis facta, ut dicitur, per exequtores condam bonorum Templi dyocesis Carcassonensis, que bona nunc sunt Hospitalis Sancti Johannis Jerosolimitani, inter liberos condam Emisci iuncte iam deffuncti seu eorum tutorem, et Tholdum Talamuthi ex parte una, et magistros Guillelmum

Arnaldi de Parisius et Guillelmum Arnaldi Prexani, notarios Carcassone, procuratores olim constitutos per dictos exequtores, ex altera, per vos dominum Fulconem, comissarium predictum in dicta causa appellationis, pronunciatum fuerit pro dictis liberis, eorum tutore et Tholdo Talamuthi, et contra procuratores seu procuratorem dictorum exequtorum, ut in vestra sentencia continetur. Verum cum dicta bona Templariorum auctoritate Sedis Apostolice devenerint dicto hospitali et sic intersit religiosi et nobilis viri domini Aymerici de Tureyo, militis dicti hospitalis, preceptoris domus de Dozinchis et de Burcaffollis, seu eius procuratoris apellare a sentencia predicta vestri domini Fulconis; hinc est quod ego frater Guillelmus Ayssa, procurator ac procuratorio nomine dicti domini preceptoris, senciens dominum meum predictum preceptorem, et me procuratorio nomine eiusdem, et dictas domos Hospitalis fore agravatum seu agravatas a vobis domino Fulcone predicto et a vestra sentencia predicta, in hiis scriptis et infra tempus debitum provoco et appello ad dominum nostrum regem, vel dominum nostrum papam, vel ad illum ad quem de iure fuerit appellandum, petens apostolos instancia qua convenit michi dari; inhibens vobis domino comissario predicto, ne, pendente appellatione huiusmodi, aliquis *(sic)* innovetis in preiuditium eiusdem seu innovari permitatis. Quam appellationem dictus dominus iudex maior et comissarius admisit si et quathenus de iure est admitenda, aliter non; et nisi si et quathenus regia maiestas eam duxerit admittendam; presentem responsionem cum appellatione predicta pro apostolis dimissoriis eidem concedendo, concedens eidem terminum ad prosequendum eandem, si eam prosequi voluerit, spacium duorum mensium. Acta fuerunt hec in domo dicti domini maioris iudicis, in presentia et testimonio fratris Guillelmi de Bonopane, monachi monasterii Caunensis, magistri Raimundi clerici, notarii domini regis, Raimundi Hugonis de Carlipato clerici, Petri de Borriacho, textoris de Carcassona, et magistri Guillermi Jordani, notarii publici Carcassone domini regis Francie, qui hiis omnibus presens fuit, et requisitus hanc cartam recepit. Vice cuius et mandato, ego Johannes Chatmarii de Rustitams, notarius Carcassone eiusdem domini regis eandem scripsi. Et ego idem Guillelmus Jordani notarius publicus antedictus subscribo et signo.

XXX

Vers 1327. — SYNODALE de Dominique Grima, évêque de Pamiers.

Bib. publ. de la ville de Toulouse, Manusc. 402, fol. 1, 2, 4, 5, 7, 109.

« Vos qui estis presbiteri in populo Dei, ex vobis pendet anima illorum; ad eloquium vestrum corda illorum erigite. » Judith, VIIIº, [21].

Karissimi, sicut oportet quod instrumentum moveatur et reguletur a principali agente, ut securis a carpentario, sic oportet quod minister, cum sit instrumentum animatum, a Domino instruatur ac etiam informetur. Nunc autem sic est quod curati sunt quidam ministri episcoporum in regimine populorum, quia, sicut habetur ad Ephesios, IV [11]: Christus « dedit quosdam quidem apostolos, » quibus scilicet succedunt episcopi ; et sequitur : « alios autem pastores et doctores, ad consummacionem sanctorum in opus ministerii, » quod quidem Christus fecit. Cum sicut habetur, Luce VIº [13], postquam vocatis omnibus suis discipulis, « elegit duodecim ex ipsis quos et apostolos nominavit, » et sicut postea sequitur, Luce Xº [1] : « Designavit et alios septuaginta duos et misit illos, » etc., quibus scilicet succedunt curati ; quod quidem fuguratum *(sic)* fuerat in regimine populi fidelis tempore legis antique, cum sicut habetur Numeri XIº [16, 17] : « Dominus dixit ad Moysen : Congrega michi septuaginta de senioribus Israel, quos tu nosti quod senes populi sint ac magistri ; et duc eos ad hostium tabernaculi », [quod] scilicet erat ecclesia illius temporis, « et auferam de spiritu tuo, tradamque eis, ut sustentent honus populi. et non tu solus graveris. » Quod cum factum fuisset, remanserant in castris duo viri super quos etiam requievit spiritus : nam et ipsi descripti fuerant ; set non exiverant ad tabernaculum, scilicet cum aliis. Secundum hoc ergo quemlibet episcopum oportet dirigere et informare suos curatos, tanquam Dominus suos ministros, in regimine populi infra suam dyocesim costituti. Quod quidem nos frater Dominicus ordinis Predicatorum, sola Dei patiencia et Apostolice Sedis gratia Appamiensis episcopus, iuxta imbecillitatem intellectus nostri et paucitatem sciencie a Domino nobis date, facere intendimus curatis nostris verbum primo propositum dirigendo : « Vos qui estis presbiteri, » etc.; in quo tria ostenduntur, scilicet quod populus per curatos est primo in via celestis patrie deducendus : « Vos, » inquid, « qui estis presbiteri in populo Dei. » Secundo in vita spiritualis gratie promovendus : « Ex vobis, » inquit, « pendet anima, » etc. Tercio in scientia fidelis ecclesie instruendus : « Ad eloquium, » inquit, « vestrum corda, » etc.

Primo ergo populus per curatos est in via celestis patrie deducendus : « Vos, » inquit, « qui estis presbiteri in populo Dei. » Ubi sciendum est quod hoc nomen presbiter uno modo est latinum et sic componitur a prebeo, prebes, et iter, et inde presbiter quasi prebens iter, scilicet populo, eundi ad celum, quod quidem debet facere curatus verbo pariter et exemplo. Ad quorum primum requiritur regiminis scientia, et ad secundum honesta vita, ut sic « qui bene presunt presbiteri », hoc scilicet modo duplici, « duplici honore digni habeantur », ut habetur Prima ad Thimotheum V, [17]. Alio modo presbiter potest esse nomen grecum, et interpretatur idem quod senior, quia bonus curatus debet esse senior aliis de populo quantum ad morum gravitatem et experimentalis scientie diuturnitatem, quia sicut habetur Ecclesiastici XXV° [8] : « Corona senum multa pericia et gloria eorum timor Dei. » Quia timor Dei etiam reddit vitam honestam, secundum illud Proverbiorum XXII° [4] : « Finis modestie timor Domini, divicie » scilicet spirituales, « et gloria et vita. » Propter

talem autem populi ad celum deductionem meremur tanta
beneficia temporalia. Scitis enim quod propter directionem
in via corporali, que fit solo verbo, parum aut nichil datur
homini ; set per deductionem que fit facto, puta quando
ponit se in via ante viatores, meretur bonum stipendium.
De tali autem rectore potest regraciari Deo populus, dicens
illud Psal. [LXXVI, 21] : « Deduxisti sicut oves populum
tuum in manu Moysi et Aaron. » Est enim talis ductor
Moyses, qui interpretatur assumptus de aqua, scilicet car-
nalis voluptatis per vite honestatem, et Aaron qui interpretatur montanus, per noticie sublimitatem ut. . . . . .
. . . . . . pendet anima. Spiritualis vita illorum ergo, sicut
habetur I Machabeorum XII [51] : « Videant quia pro anima, »
scilicet sua salvanda vel perdenda « res est illis », scilicet
curatis, secundum scilicet quod in cura bene vel male se
habuerint, secundum illud quod habetur Ezechielis III°
[17, 18, 19] : « Fili hominis, speculatorem dedi te domui
Israel et annunciabis eis ; si dicente me ad impium : Morte
morieris non annunciaveris ei, neque locutus fueris, ut
avertatur a via sua impia et vivat, ipse impius [in] iniquitate sua morietur ; sanguinem autem eius », id est vitam,
« de manu tua requiram. Si autem tu anunciaveris impio et
ille non fuerit conversus ab iniquitate sua, ipse quidem [in]
iniquitate sua morietur, tu autem animam tuam liberasti. »
Quia cum anima illius, scilicet subditi, ex huius, scilicet
curati....., dependeat, ut habetur Genesis XLIIII°, si male in
cura anime subditi curatus se habeat, « reddet animam pro
anima » secundum legem talionis etiam que habetur in
Exodi XXI° [23] ; ad hoc enim obligatur per cure suscep-
tionem : tunc enim quasi ei dicitur illud quod in parabola
sua ad regem Israel dixit ille propheta, ut habetur III
Regum XX° [39] : « Custodi virum istum, qui si lapsus
fuerit », scilicet per tui negligentiam vel ignorantiam, « in
peccatum erit anima tua pro anima illius. »

Tercio, in verbis primo propositis ostenditur quod populus per suum curatum est in scientia fidelis Ecclesie instruendus. « Ad eloquium, » inquit, « vestrum, corda illorum
erigite. » Ut enim habetur Ro. III° [2] : « Credita sunt

illis, » scilicet curatis, « eloquia Dei. » Curatis enim competit ex officio predicare. Ergo, o vos curati, sicut habetur Ysaie XL° [2] : « Loquimini ad cor Jherusalem et advocate, » id est ad bonum vocate « eam ». Quod quidem facere poteritis, si sit in vobis, ut habetur Sap. II° [2] : « Sermo cintilla ad commovendum cor, » id est sermo Spiritus Sancti, qui super Christi discipulos apparuit in igne, ut habetur Act. II° [2-4]. Unde et ibi dicitur quod loquebantur « variis linguis » apostoli, « prout Spiritus Sanctus dabat eloqui illis ».

Set timendum est ne hodie completum sit in magna parte illud Ysa. III° [1] : « Auferet Dominus ab Jherusalem et ab Juda, » id est ab Ecclesia, ubi est visio pacis et confessio divine laudis. Hec nomina Jherusalem et Juda interpretantur prudentes eloquii mistici, id est theologie et moralis. Set sunt bene prudentes eloquii commodi temporalis, et de hoc libenter locuntur, ut possit tali curato dici illud Ysa. XXIX° [4] : « De terra loqueris, et de humo audietur eloquium tuum, et erit quasi pytonis, » id est quasi divinatoris; « de terra vox tua et de humo eloquium tuum mussitabit. » Non sic loquebatur ille bonus sacerdos Judas Machabeus, de quo habetur II° Machabeorum XV° [9, 10], quod « alloqutus illos, » scilicet populos sibi subiectos, « de lege et prophetis, » id est de sacra scriptura, « promptiores eos constituit, » scilicet ad omne bonum, « ita animis eorum erectis, » scilicet ad Deum, cui est honor et gloria in secula seculorum. Amen.

Nunc ergo, cum adiutorio Dei, secundum tria predicta membra precedentis collationis, intendimus procedere in sequenti opusculo nostre Appamiensis ecclesie synodalis, vel informationis et directionis omnium nostre dyocesis curatorum et etiam clericorum eis inferiorum, pro quanto presens instrucio tangere poterit unumquemque.

Protestamur autem ante omnia, ad pacem et securitatem conscientiarum, quod per aliquod statutum contentum in eo transgressorem non intendimus obligare ad aliquam culpam nortalem, nec etiam venialem, set solum ad penam in statuto positam, vel per nos vel officialem nostrum, vel nostrum vel eius vicarium in hac parte, vel per successores nostros imponendam, nisi propter preceptum aut contemptum, vel nisi alias esset de se peccatum mortale vel etiam veniale. A preceptis etiam et excommunicationum sententiis cavere intendimus, quantum poterimus bono modo, ne subditis nostris mitere dampnationis laqueos videamur.

Si forte autem infrascripta iuri alicui divino vel canonico, quod absit, in aliquo obviarent, ea haberi volumus pro infectis, et ea ex nunc, si necesse est, penitus revocamus. Reservamus autem nobis in omnibus constitutionibus infrascriptis potestatem interpretandi, declarandi per nos vel per successores nostros; item, mutandi, addendi, vel minuendi per nos vel successores nostros, cum assensu nostri capituli, quicquid, quotiens et quando videbimus expedire. Inhibemus autem ne aliquis in opusculo infra scripto audeat aliquid addere, minuere vel mutare; alioquin, penam falsi se noverit incursurum.

Quum autem ad bonam observationem omnium que in sequenti opusculo synodali continentur, multum facit celebratio synodi annis singulis facienda, volumus et ordinamus quod annis singulis pascalis synodus celebretur in ecclesia Appamiensi, die martis post dominicam qua cantatur Evangelium : Ego sum pastor bonus (1); hyemalis vero, die martis post festum beati Martini hyemalis (2), quia scilicet tunc collecti sunt communiter in nostra Appamiensi dyocesi omnes fructus; et si die martis dictum festum evenerit, non ipsa dia, set in die octava synodus celebretur. Predicta vero dicimus, nisi nobis vel nostris successoribus, vel eorum vicariis in nostra vel eorum absentia, circa premissa videretur aliud faciendum.

Omnes igitur et singuli tam seculares quam regulares, qui de iure vel consuetudine ad nostram synodum venire tenentur, die assignata tempestive sinodum sanctam intrent, in habitu nostris canonicis se ipsos conformantes,

(1) Second dimanche après Pâques.
(2) Saint Martin d'hiver, 11 novembre.

scilicet cum capis vel superpelliciis et almussiis. Intrent etiam ieiuni, et sedeant ordinate et sine strepitu audiant que dicentur.

Sacerdotes autem parrochiales, qui subcapellanos non tenent, in ebdomada synodum precedente, inquirant diligenter an in suis parrochiis aliqui sunt infirmi, quos antequam ad synodum iter arripiant visitent etiam minime requisiti, consolantes eos et consulentes eis super hiis que ad salutem pertinent animarum ; et committentes eos cure subcapellanorum remanentium in ecclesiis circumvicinis. In veniendo vero ad synodum, stando et redeundo, honeste se habeant tam in domibus quam etiam extra domos, ut eorum honesta conversatio sit laycis merito in exemplum.

Transgressores autem temerarios huius statuti in non veniendo, dumtaxat legittimo impedimento cessante, teneantur nobis solvere XX. sol. Tur., per nos in pios usus distribuendos, quos etiam solvere teneantur sub pena dupli infra octo dies illam synodum inmediate subsequentes ; et si eorum continuacio hoc requirat, gravius nichilominus, prout nobis vel officiali nostro videbitur, punientur.

Nullus causas vel querimonias adducat ad synodum, que alio tempore coram nobis vel officiali nostro possunt de facili expediri.

Cum vero clerus in sinodo fuerit congregatus, ab episcopo, vel alio cui ipse commiserit, incipiatur antiphona que sequitur, que tota cum suo versu et *Gloria Patri* ponatur hic cum nota, que debet a tota synodo prosequi et cantari.

Dampnamus (1) autem et anathematizamus ludum cenicum vocatúm Centum Drudorum, vulgariter Cent Drutz, actenus observatum in nostra dyocesi, et specialiter in nostra civitate Appamiensi et villa de Fuxo, per clericos et laycos interdum magni status, in quo ludo effigiabantur prelati et religiosi graduum et ordinum diversorum, facientes processionem cum candelis de cepo et vexillis, in quibus depicta erant membra pudibunda hominis et mulieris. Indue-

---

(1) A la marge : *Statutum antiquum,* c'est-à-dire *Statut antérieur.*

bant etiam confratres illius ludi masculos iuvenes habitu muliebri et deducebant eos processionaliter ad quendam quem vocabant Priorem dicti ludi, cum carminibus inhonestissima verba continentibus. Cum ergo predicta nullo modo deceant nostri temporis honestatem, interdicimus dictum ludum in toto et in parte, sub pena excommunicationis quam contra talia presumentes ferimus in hiis scriptis canonica monitione premissa.

Nullus etiam clericus dictet sententiam sanguinis, nec eam scribat aut proferat, nec tali sententie, vel eius execucioni cooperetur quoquo modo; alias irregularitatem incurret ipso facto. In loco etiam ubi talia exercentur, dum fuerint non eos condecet interesse.

Nulli etiam clerici agant ad penam sanguinis ; immo si iniuriam talem passi fuerint que penam sanguinis alias mereatur, protestentur ante omnia quod ad penam sanguinis agere non intendunt, set solum ad satisfactionem pro iniuria eis facta. Alias irregularitatem incurrerent, si propter eorum actionem, vel accusationem vel denunciationem pena sanguinis sequeretur.

Hospitalitatem quoque in ecclesia teneant, secundum quod facultates poterunt commode sustinere, et maxime circa fratres ordinum predicantium verbum Dei, cum eos causa predicationis vel qualibet alia ad eos contigerit declinare. Quicumque autem benigne eos non receperit, aut caritative non tractaverit, pro qualibet vice qua contra hoc fecerit, X. sol. Tur. teneatur solvere conventui ad quem fratres huiusmodi pertinebunt; quos nisi solverint infra mensem, XX. sol. Tur. eidem conventui solvere teneantur sine strepitu iudicii et figura quibuscumque.

Caveant autem ne in superfluis conviviis expendant bona sua; nec invitent frequenter laicos nobiles et potentes, ne forte postea ex consuetudine petant hoc pro alberga.

Item, volumus et ordinamus (1) quod omnes rectores et

___

(1) A la marge : *Statutum antiquum*, c'est-à-dire *Statut antérieur*.

beneficiati nostre dyocesis habentes quinquaginta libras in annuis redditibus vel ultra, si non habent, faciant domos sufficientes ad recipiendum nos et alias personas ecclesiasticas, ponendo in tali domus constructione suorum reddituum quilibet, annis singulis, sextam partem, donec constructa fuerit dicta domus; aliter, per personas a nobis deputatas faciemus annis singulis dictam sextam colligi et converti in usus superdictos.

Quarto agendum est [de] fidei defentione. Ut enim fides catholica in nostra dyocesi magis ac magis roboretur, precipimus omnibus rectoribus, capellanis et aliis personis ecclesiasticis nostre civitatis et dyocesis, quatinus evitent hereticos et omnem heresim; et statim cum ad eorum auditum vel noticiam pervenerit hereticos ad eorum parrochias pervenisse, ipsos, si possint, capiant vel capi faciant, summe precaventes ne, propter eorum deffectum vel negligenciam, condignam valeant evadere ultionem, timentes propter hoc notam incurrere fautorie.

Insuper etiam statuentes quod diligenter inquirant si persone, propter crimen heresis punite, necligant integre suas penitentias adimplere; quod si repererint, statim nobis significare non differant, ut ad complendum suas penitentias per penas alias compellantur.

Item, statuimus et sub pena excommunicationis, quam in contra facientes ferimus in hiis scriptis, precipiendo mandamus, quod nulla persona dampnata, diffamata, acusata, vel alias de heresi suspecta, audeat facere congregationem cum consimilibus personis publice vel occulte, sub eadem pena omnibus nostris subditis precipientes, quod in hoc perquirendo se habeant diligenter, et contra facientes, infra octo dies postquam hoc sciverint, nobis vel successoribus nostris, vel vicariis nostris, revelare procurent; a qua scilicet sententia contra facientes absolvi nequeant per alium quam per nos, nisi in mortis articulo constituti.

XXXI

30 Décembre 1331. — Nomination des vicaires capitulaires par le chapitre de Lodève, le siège vacant par la mort de B. Gui, évêque.

Arch. de la Haute-Garonne, II. Chevaliers de Malte, commanderie de Sainte-Eulalie, procès contre le chapitre de Lodève.

Anno incarnationis Domini millesimo trescentesimo triscesimo primo, domino Philippo rege Francorum regnante, die penultima mensis decembris, noverint universi quod nos Guido Guidonis precentor, Nicholaus de Ruthena, Petrus Helie, Raymundus de Novicio, Guillelmus de Podio, canonici Ecclesie Lodovensis, capitulum facientes in capitulo ubi capitulum in dicta ecclesia per dictum capitulum consuevit congregari ad infra scripta, audito et ad nostram audienciam et scienciam perducto quod bone memorie Reverendus in Christo pater dominus Bernardus, Dei gracia episcopus Lodovensis condam, diem suum clausit extremum in castro de Laurosio, diocesis Lodovensis; volentes, prout de iure ad dictum capitulum pertinet, regimini spirituali et temporali ecclesie Lodovensis, sede vacante per obitum dicti domini episcopi, providere, ne iura ipsius possint seu valeant deperire; in considerationem deducentes scientiam, sperienciam et legalitatem...... virorum dominorum Petri Bernardi, archidiaconi, et Raymundi Andree, utriusque iuris professorum, concanonicorum nostrorum in ecclesia predicta, nobiscum in ipso capitulo existentes, et pro tenendo et faciendo capitulo quoad infrascripta specialiter convocatorum et congr[eg]atorum ; nos, inquam, canonici prenominati ut capitulum et nomine capituli eiusdem ecclesie, aliis concanonicis nostris absentibus a civitate et dyocesi Lodovensi et in remotis agentibus, tenore huius publici instrumenti facimus, constituimus et creamus vos dictos dominos Petrum Bernardi archidiaconum et Raymundum Andree concanonicos nostros, presentes, et quemlibet vestrum in solidum, in spiritualibus et temporalibus vicarios generales ; in vos transferentes et vestrum quemlibet potestatem et licenciam specialem et generalem, nomine et vice [capituli] predicti sede vacante, vicarios officiales, spirituales vel temporales, quocumque nomine censeantur, creandi, instituendi, et creatos et institutos revocandi, deponendi et destituendi, prout vobis vel vestrum alteri videbitur faciendum ; necnon castra, fortalicia ubicumque et quecumque sint, et alia bona mobilia et inmobilia per vos vel alium seu alios custodiendi, regendi et conservandi ; fructus et obventiones presentes et futuras sede vacante recipiendi, gubernandi et conservandi, laudandi iure, pre ceteris retinendi, in emphiteosim seu accapitum dandi ; instituendi presentatos ad beneficia seu presentandos, procuratores sindicos, yconomos et actores ac etiam deffensores ad negocia vel iudicia, seu ad causas constituendi, et generaliter alia et singula faciendi in iudicio vel extra, et explicandi, que per ipsum capitulum sede vaccante fieri possunt de consuetudine vel de iure ; promittentes vigore huius publici instrumenti nos firmum et gratum habituros quicquid per vos, vestrum alterum, in premissis et circa premissa actum fuerit, gestum, sive explicatum, ac si per ipsum capitulum acta fuissent, explicata sive gesta. Actum in capitulo predicto Lodove, in presencia et testimonio nobilis et venerabilium virorum dominorum Petri de Manso militis, Johannis de Podio licenciati in legibus, prioris de Celhs, Petri Petri, Stephani Fornerii, presbiterorum benefficiatorum prefate ecclesie, Petri Helie, Jacobi Helie clericorum, et mei Guillermi Henrici clerici de Salasco, publici Lodovensis notarii, qui mandato..... prefatos dominos capitulum facientes, et requisitus per dictos dominos vicarios, de predictis hoc instrumentum sumpsi, scripsi et signo meo signavi subsequenti. Et in testimonium omnium et singulorum predictorum, et ad maiorem firmitatem eorum habendam, sigillum capituli Lodovensis huic presenti publico instrumento duximus appendendum.

XXXII

NOVEMBRE 1339. — Règlement pour les chanoines de Saint-Sernin,
étudiants à l'Université de Toulouse.

Copie (XIV° sièc.). *Arch. de la Haute-Garonne*, H. Saint-Sernin, n° 202, fol. 95.

LICENCIA CANONICORUM STUDENCIUM

Nos H. (1), abbas monasterii Sancti Saturnini, volentes
sequi vestigia Reverendorum patrum predecessorum nostrorum, quantum iuste cum Deo possumus, habito consilio
et deliberacione cum aliquibus de antiquioribus canonicis
nostris super licencia concedenda nostris canonicis in dicto
nostro monasterio studere volentibus, iuxta modum et formam quam Reverendus pater dominus R^{us} Athonis, condam abbas dicti monasterii (2), suis temporibus observabat,
volumus observare et tenere, videlicet quod canonici nostri baccallarii legentes actu debeant esse matutinis omnibus diebus dominicis et festivis, quibus tamen non legitur
per doctores. Item, in missis et vesperis et processionibus
ordinariis, que fiunt post terciam et post vesperas in nostro monasterio supradicto ; et comedant in reffectorio illa
die, nisi pro crastina die de secundo suas habeant studere
lectiones. Alii autem canonici scolares sint et esse debeant
specialiter et expresse, diebus dominicis et festivis precipuis
et duplicibus et IX. lectionum, in matutinis, in processionibus, missis, et reffectorio illa die, nisi bacallarii nostri et
dominus R^{us} Laureti legant illis horis ; et in casu ubi dicti
scolares defficiant in premissis, tanquam inobbedientes in
capitulo clamentur et congrua penitentia puniantur, videlicet quod in crastinum habeant esse in claustrum per
totam diem ipso facto. Item, si precipuis duplicibus festivi-

(1) Hugues Roger, 1329-1356. *Gall. christ.*, XIII, 97. Al. ed.
(2) 1301-1318. Évêque de Mirepoix, 1318-1325. *Gal'. christ.*, XIII, 96, 267. Al. ed.

tatibus habeant intrare, ad minus sint in matutinis et in processionibus, si fuerint illa die. Item, quod si in vacacionibus Natalis Domini, Carniprivii, Pasche et Penthecostes, et diebus aliis omnibus quibus dictum studium (1) continget vaccare, sint, prout alii, in omnibus horis nocturnis pariter et diurnis, ac si licenciam non haberent. Item, quod dicti scolares, nec eorum aliquis, declinet eundo ad scolas, vel eciam redeundo, nisi recte ad monasterium, sine nostra vel prioris nostri licencia speciali petita prius et optenta ; mandantes et precipientes dicto priori nostro claustrali, ut et quantum in ipso est, faciat premissa observare, ipsius conscienciam onerantes. In cuius rei testimonium, sigillum nostrum duximus apponendum, mandantes dicto priori ut suum ponat sigillum in littera presenti, in signum mandati nostri completi. Predictam licenciam seu ordinacionem durare volumus usque ad finem lecture anni presentis doctorum legencium in studio Tholosano, nisi per nos aliud interim ordinaretur. Datum Tholose, in nostro monasterio predicto, anno Domini M°. CCC^{mo}. XXXVIIII., die veneris post octabas beati Martini hyemalis.

Ita sint execucioni mandata et sub sigillo nostro sigillata (2).

XXXIII

1349. — Jacques Fouquier, VIRIDARIUM GREGORIANUM SIVE BIBLIA GREGORIANA. Epître dédicatoire à Clément VI.

Bibl. publ. de la ville de Toulouse, Manusc. 187, fol. 1.

Sanctissimo patri ac domino clementissimo domino Clementi superne vocacionis clemencia pape VI°, frater Jacobus Folquerii, inter lectores ordinis fratrum Heremi-

---

(1) Tholosanum.

(2) Le registre d'où cette pièce est extraite contient les statuts ou règlements du chapitre de Saint-Sernin de 1288 à 1338.

tarum Sancti Augustini provincie Tholosane minimus,
utpote sicut statura sic sufficiencia et litteratura exiguus et
pusillus, eam reverencie plenitudinem, quantam decet tantum patrem ac talem, necnon etiam cum omni subiectione
et humili pedum oscula beatorum. — Clementissime ac beatissime pater, attestante illo patre nostro et doctore preci-
puo Augustino, sicut multo longe melius Sanctitas Vestra
novit, Sacre Scripture profunditas tanta esse dignoscitur, ut
si quis ab ineunte puericia usque ad decrepitam senectutem
in ea conetur addiscere maximo ocio summoque studio, me-
liori ingenio hoc ei contingerit, quod in quodam loco ipsa
eadem Scriptura continet, ubi ait : « Cum consummaverit
homo, tunc incipiet » [Eccli. XVIII, 6]. Nec mirum, cum
alibi scriptum sit : « Alta profunditas, quis investigabit
eam ? » [Eccle. VII, 25] Et ob hoc faciendi libros plures de
ea et super ea nunquam erit finis ; quinymo philosophorum
studiosissimorum clamat sententia ad nullius scientie com-
plementum aliquem pervenisse nec pervenire posse, nisi per
iuvamentum prioris ad sequentem. Sane prout optime nos-
tis, Pater Beatissime, dudum quidam reverendi doctores,
quorum etiam aliquos tanquam vere sanctos Dei Ecclesia
veneratur, Novum Testamentum, quilibet pro sorte sua,
glosa ordinaria et continua exponere et elucidare conati
sunt de dictis sparsim et pure antiquorum doctorum quam-
plurium ipsos in presenti vita precedencium et sanctorum,
utpote primitus ille facundus doctor Beda venerabilis omnes
epistolas Sancti [Pauli] de puris et solis dictis patris nostri
sanctissimi Augustini, prout ipsemet Beda expresse testatur
in fine libri sui : *De temporibus seu gestis Anglorum*, ubi in
finali capitulo omnium librorum suorum cathalogum certum ponit (1) ; quem eciam Bedam venerabilem Aymo quodam loco commentarii sui super Apocalipsim (2) sanctum
Bedam vocat. Post dictum Bedam siquidem longe diu reverendus pater Magister Sententiarum, Parisiensisque epis-

(1) *Historia ecclesiastica gentis Anglorum*. Migne, *Patr. lat.*, tom. 95, col. 289 : « In
Apostolum quaccumque in opusculis sancti Augustini exposita inveni, cuncta per ordinem
scribere curavi. »

(2) *Expositiones in Apocalypsim B. Joannis*. Migne, *Patr. lat.*, tom. 117, col. 937.

copus, Epistolas Sancti Pauli de dictis multorum doctorum tam sanctorum quam etiam aliorum exposuit quamquam summarie, ac glosavit (1). Et utiliter multum certe et frater Thomas de Aqu[in]o, sanctus ac fructuosus in Ecclesia Dei doctor, IIII^{or} Euvangelia (2) ; Actus vero Apostolorum, Epistolarum canonicarum ac Apocalipsis libros, curiosus Scripturarum Sacrarum perscrutator ac studiosus doctor in theologia, frater Augustinus de Anchona (3), predicti nostri ordinis professor, modo consimili, sicut de Beda et de Magistro Sententiarum, exposuerunt de puris dictis sanctorum doctorum ac eciam philosophorum, reliquam partem sacri canonis, scilicet totum Vetus Testamentum, tanquam partem prolixiorem et longe amplius obscuriorem, ymo certe obscurissimam, maxime in libris Moysi legalibus, prophetalibus ac sapiencialibus, theologis posterioribus ac eorum ingeniis studiisque assiduis relinquentes. Horum dictorum precedencium patrum cupiens utcumque pro modulo ingenioli mei sequi vestigia, a multis temporibus citra expositiones textuum sacri canonis tam Veteris quam Novi Testamenti, ex puris dictis sanctorum doctorum, precipue IIII^{or} principalium latinorum, scilicet Gregorii, Ambrosii, Augustini et Jeromini, extrahere et ordinare concepi ; et quia in paucioribus et facilioribus via magis a libris et scripturis Beatissimi patris et patroni Gregorii Magni papeque incipiens, expositionem non quidem plenam et perfectam ac ordinariam omnium textuum sacri canonis, quia nec ex dictis eius talis haberi posset, nec ad eam texendam mea ruditas sufficeret, set eorum qui precise et solum in libris eiusdem sparsim exponuntur, in unum recollegi, videlicet auctoritates omnes et ystorias sacri canonis ab eodem expositas in omnibus libris suis secundum ordinem librorum et capitulorum usitate nobis Biblie, cum suis exposicionibus ordinando semperque verba ciusdem Gregorii

<hr>

(1) *Collectanea in omnes D. Pauli apostoli epistolas.* Migne, *Patr. lat.,* tom. 191, col. 1297.

(2) *Catena aurea in quatuor evangelia.* Tom. XI et XII de l'édit. de Parme des œuvres de saint Thomas.

(3) Le Bienheureux Augustin Trionfo, né à Ancone en 1243, mort à Naples le 2 avril 1328. Les écrits mentionnés ici sont donnés comme manuscrits par Oudin, *Comment.,* tom. III, CC, 600-601.

formaliter apponendo, nullamque Biblie ystoriam seu
auctoritatem quantumcumque brevem et minimam in libris
predicti doctoris dicto modo positam, tactam seu expositam
obmittendo, necnon duas tabulas in dictis exposicionibus
summe necessarias compilando, prosequendo quoque reliquas tres porciones exposicionis residue ex dictis trium
sanctorum doctorum supra nominatorum hanelo spiritu et
corde anxio agitor et suspiro, si tamen interim vita
michi superstes fuerit et copiam habuerim librorum dictorum sanctorum, sicut habui, et Deo favente, habeo
Sancti Gregorii sepedicti, quamdiu vaccandi contra predicta
tempus et ocium dederit michi Deus ; ad que quidem cele-
rius et liberius peragenda, relictis aliis negociacionibus
religiose servitutis et lecturis quantum ad me attinet, iam
diu est, requisivi pro posse dictum ocium et requiro. Ad
predictum autem opus inchoandum ac etiam indefesse prosequendum me magno zelo animavit notabiliter ac direxit
venerabilis et karissimus pater meus frater Johannes Coti,
sacre theologie et religionis nostre professor, nunc autem
Vestre Sanctitatis ac Sedis Apostolice penitentiarius,
filius, ymo servus potissime, illo tempore quo exercebat in
studio Tholosano officium lectorie. Vestre igitur Sanctitati tam excellentissimi iudicii rectitudine per clavem sa-
pientic prefulgenti quam etiam summe auctoritatis pleni-
tudine per clavem potencie prepollenti, primicias laboris
mei vere valde diu assidui in prima porcione exposicionis
supra sacrum canonem modo dicto post offerendas et pre-
sentandas dictum fore diucius mente proposui et fixo corde
concepi, ex concilio etiam vestri penitenciarii iam prefati. Quapropter sicut nulli tucius et dignius possum, ita
non nulli alii presens opusculum offero et destino, utpote
tanto patri et domino qui est et fuit magister et doctor
in theologia Parisiensis probatissimus pre ceteris vite
nostre consortibus ac fama celebratissimus toti orbi, etiam
longe diu satis antequam Romane Ecclesie cardinalatum
Papa cumque eiusdem Romane ac universalis ecclesie
sortiretur. Recipiat igitur Sanctitas Vestra, Pater Clementissime, hoc opus primiciarum predicti laboris mei

iuxta significatum nominis nostri pii leto clementique animo ac paterno, ut sicut in ipsa illius Pape exprimitur qui *alpha* et *omega* principium et finem in scripturis suis sancte esse commemorat, sic Vobis qui eius vicem in terris geritis omnis boni operis presertim theologici documenti inchoacio, mediacio et terminacio ascribatur. Si quid autem in hoc opere seu pocius opusculo corrigendum, addendum vel diminuendum decreveritis, Vestro discussimo iudicio reservetur et si predictum Vestre Sanctitati fore gratum et accept[um] didiscero, ad prosequendum reliquas tres porciones sive partes exposicionis predicti sacri canonis secundum libros et dicta trium sepe et dictorum sanctorum doctorum residuum peregrinacionis presentis vite mee Vestra Apotolica et vere virtuosa benedictio delectabilius incitabit. Oro, Pater Beatissime, Vestram personam sanctissimam ecclesie sancte Dei diucius et iugiter Dei gratia conservari.

Explicit epistolaris prefacio.

XXXIV

23 Novembre 1372. — Bulle de Grégoire XI permettant aux Clarisses de Toulouse d'appliquer à la construction de leur nouveau monastère, dans la ville, la somme de 500 livres tournois, provenant des restitutions. Cet ancien monastère est aujourd'hui l'Institut Catholique.

Original; haut. 0ᵐ39, larg. 0ᵐ51. *Bibl. de l'Inst. Cath. de Toulouse.*

Gregorius Episcopus, servus servorum Dei, dilectis in Christo filiabus Abbatisse et Conventui Monasterii Sancte Clare Tholosan. ordinis eiusdem sancte, salutem et apostolicam benedictionem. Apostolice Sedis benignitas personas sub religionis observantia vaccantes assidue pie vite congruo favore prosequitur, et votis earum, illis presertim per que earum necessitatibus occuratur ac persone ipse illi quietius debitum impendere valeant famulatum, cui mundanis abiectis illecebris se sponte devoverunt, libenter favorem benivolum impertitur. Cum itaque, sicut exhibita nobis nuper pro parte vestra petitio continebat, antiqum monasterium vestrum quod extra muros civitatis Tholosane consistebat, propter guerras que in illis partibus ingruerunt, fuerit totaliter destructum, vosque intra muros civitatis eiusdem aliud monasterium canonice edificare inceperitis opere non modicum sumptuoso, ad cuius operis confirmationem vestre non suppetunt facultates, pro parte vestra nobis extitit humiliter supplicatum, ut de bonis male ablatis et incertis, si ea per illos qui ad ipsorum restitutiones tenentur ad opus huiusmodi vobis contingeret elargiri, vobis recipiendi bona huiusmodi et in opus ipsum convertendi licentiam concedere de benignitate apostolica dignaremur. Nos igitur huiusmodi supplicationibus inclinati, ut de bonis huiusmodi, dummodo illi quibus si invenirentur bonorum·ipsorum restitutio fieri deberet reperiri non valeant, si bona ipsa per illos detinentes vobis concedantur, usque ad summam quingentorum librarum Turonensium parvarum, ad opus huiusmodi recipere et in opus ipsum convertere libere et licite valeatis, devotioni vestre auctoritate apostolica tenore presentium concedimus de gratia speciali, presentibus post triennium minime valituris. Nulli ergo omnino hominum liceat hanc paginam nostre concessionis infringere vel ei ausu temerario contraire. Si quis autem hoc attemptare presumpserit, indignationem omnipotentis Dei et beatorum Petri et Pauli, Apostolorum eius, se noverit incursurum. Datum Avinioni, VIIII. kalendas decembris, pontificatus nostri anno secundo.

XXXV

1380. — Eustache Morel. BALLADES.

Bibl. publique de la ville de Toulouse, Manusc. 822, fol. 105, fol. 108.

Ci commencent aucunes balades morales faictes et
compilées par noble homme et preudent Eustace Morel,
naguieres bailli de Senlis.

. . . .

AUTRE BALADE

Vous qui voulez l'ordre de chevalier,
Il vous convient mener nouvelle vie,
Devotement en oroison veillier,
Pechié fouir, orgueil et vilonnie ;
L'eglise devez deffendre,
La vefve aussi, l'orphelin entreprendre,
Estre hardis et le peuple garder,
Preudons, loyaux, sans rens de l'autrui prendre.
Ainsi se doit chevalier gouverner.

Humble cuer ait toudis doit travaillier
Et poursuir fais de chevalerie ;
Guerre loyal, estre grant voiagier,
Tournois suir et iouster pour sa mie ;
Il doit a tout honneur tendre,
Si qu'on ne puist de lui blasme reprendre,
Ne lascheté en ses euvres trouver ;
Et entre tous se doit tenir le mendre.
Ainsi se doit chevalier gouverner.

Il doit amer son seigneur droiturier
Et dessus tous garder sa seignorie ;
Largesce avoir, estre vray iusticier,
Des preudommes suir la compaignie,

Leurs dis ouir et aprendre
Et des vaillans les proesces comprendre,
Afin qu'il puist ses grans fais achever,
Comme iadis fist le roy Alexandre
Ainsi se doit chevalier gouverner.

AUTRE BALADE

On dit que le monde est mauvais
Et qu'il empire chascun iour,
Et que bons ne sera iamais,
Et que nulz ne quiert plus honnour ;
Le frere honnist sa serour
Et le filz deçoit un son père ;
Et le grant destruit le menour.
Qui mal fera si le compere.

On ne voit que guerre sans paix ;
Toute joie est tournée en plour,
Questions, proces et plais,
Et la terre est de grief labour ;
Droit fault, iustice va autour
Des mauvais et d'iceulx se pere.
Qui mal fera si le compere.

Et quant chascuns sent ses meffais
Que ne delaisse il sa folour ;
Par nous est le monde si fais,
Non pas par lui, c'est grant horrour.
O ! Corrigeons donc notre errour,
Qui appert evident et clere ;
Amons nous tuit de vraie amour.
Qui mal fera si le compere.

Princes auiourd'huy n'a nul temour
Fors sus soy ; c'est parole amere.
Charité fault, grace et douçour.
Qui mal fera si le compere.

XXXVI

1ᵉʳ Mai 1382. — Constitutions de Bertrand d'Ornezan, évêque de
Pamiers.

Bibl. publ. de la ville de Toulouse, Manusc. 402, fol. 145.

SEQUNTUR CONSTITUCIONES facte et ordinate per
R., in Christo patrem et dominum dominum B., misera-
cione divina Appamiensem episcopum, in sancta synodo
pascali celebrata, prima die madii, anno Domini millesimo
CCC. LXXXII°. Et inter cetera ordinavit, quod qualibet
die a cetero de mane in qualibet ecclesia parrochiali sue
dyocesis pulsetur *Ave, Maria,* ut moris est facere de nocte,
ob honorem et reverenciam Dei et beate virginis Marie.
Et concessit omnibus dicentibus Vᵉ *Pater noster* et VIIᵗᵉᵐ
Ave, Maria, XLᵃ dies indulgencie, etc.

Item, sequuntur alie constituciones facte per supradictum dominum episcopum Appamiensem, sub anno Domini millesimo CCCC. VI°, in synodo pascali celebrata
die XXVIIᵃ aprilis. Et primo, statuit et ordinavit quod
a cetero omnes, rectores vicarii et presbiteri sue diocesis
Appamiensis anno quolibet teneantur facere octabas cum
Te Deum laudamus in festo Nativitatis beati Johannis
Baptiste. Et eciam statuit et ordinavit quod octave apostolorum Petri et Pauli celebrentur cum *Te Deum laudamus.*

Item, statuit et ordinavit quod festa sanctorum martirum
Johannis, Almachii, Alexandri et Gay, quorum corpora in
ecclesia Appamiensi requiescunt, a cetero omnes rectores,
vicarii et presbiteri sue diocesis Appamiensis in quolibet
festo eorumdem faciant IX. lectiones, et festa eorum co-
lantur in civitate Appamiensi intus et extra.

Item, ordinavit et statuit quod a cetero omnes rectores,
vicarii et presbiteri sue diocesis Appamiensis faciant et teneantur facere quolibet anno novem lectiones de omnibus

sanctis qui positi sunt in sacro canone, ut merita eorum nobis subveniant.

Omnes predicte constituciones et ordinaciones superius scripte et ordinate fuerunt publicate in predicta synodo per venerabilem et discretum virum dominum Bartholomeum de Agulhaco, licenciatum in decretis, vicarium et officialem dicti domini episcopi Appamiarum, et de eius mandato. Etc.

XXXVII

xvᵉ siècle. — SERMONS.

Extrait. *Manuscrit du château de Merville (Haute-Garonne)*, fol. 155.

Impone manum tuam super eam et vivet, Math. IX, [18]. Misericordia de quâ volo predicare est quomodo potest homo evadere a mortalibus.

. . . .

Illud est notorium, istud est gravissimum peccatum contra Deum ; sicut si vos tenebatis hic unum militem inimicum domini loci, grande peccatum esset, set gravius et maius est istud ; et sic respicite si est aliquis et prohicite eum extra villam, et non sustineatis ipsum pro aliqua re. Item, si est secretum, non opportet, quia ipsemet portabit penam. Item, peccatum de blasfemando, de iurando de Deo et de sanctis non sustineatis, ponatis magnas penas, etc. ; et scitis qualiter debetis vitare illud peccatum. Si aliquis lupus veniebat ad hanc villam, qui comederet vobis infantes, si videbatis eum, cito clamaretis : *Al lop ! Al lop !* Fortius debetis clamare : *Al traydo ! Al traydo !* Item, de no tene mercat en dia de festa mandada, ni dimenge, no per res ; set si est aliquis qui laboret secrete, Deus puniet ipsum et universitas non habebit malum. Item, si homo sustinet in hospitio ville meretrices, etc., magnum peccatum est. Item, si aliquis homo uxoratus tenet amicam concubinam in villa vel non, etc., de istis peccatis publicis debet cunverti universitas, communitas et corrigi, si vult deliberari ab infirmitatibus malis et mortalitatibus. . . . .

XXXVIII

5 Juin 1563. — Attestation des méfaits commis, en 1562, par les troupes protestantes, à Villeneuve, Graves, Cénac, Chartreuse de Villefranche, à Lauzerte, Caussade, Gourdon, Caylus, etc.

Original; haut. 0ᵐ32, larg. 0ᵐ58. Fonds de M. Joseph de Bonald.

Guabriel de Mynut, chivalier seigneur et baron du Castera, consilier et chamberlam ordinaire du Roy nostre Sire et son séneschal de Rouergue, à toutz ceulx qui ces presen[te]s veront savoir faisons, que ce jour d'huy, datte des presentes, en la salle et auditoire de nostre court, pardevant maistre Jehan Dambec nostre lieutenent principal sobsigné, à luy assistans maistres Jehan du Rieu, Guillaume Colonges, Jehan de Tauran, Françoys Gineste, Pierre Robert et Anthoine Besombes, consolliers et magistratz en nostre dicte court, auroict compareu maistre Amiel de Ferrandier, scindic du païs de Rouergue, disant luy estre besoing de sommaire apprinse et actestation comme, au moys de jullet dernier mil cinq centz soixante deux, les cappitaines Savinhac, Boyssezon, Belfort, Bertholéne et aultres, de voye de faict et par force d'armes, tenantz le parti de ceulx de la novelle religion, se seroient emparés de la ville de Villencufve audict pais de Rouergue, distant de la ville de Villefranche une lieue, où auroient introduictz plusieurs gens de guerre tant à pied que à cheval, estans de leur trope et compagnie en nombre d'environ huict centz à mil hommes ; lesquelz, quant feurent entrés dans la dicte ville de Villeneufve, l'auroient pillée et sacaigée tant au temple que en plusieurs maisons particulières de la dicte ville et murtres grand nombre de prebtres ; à ocasion de quoy et pour ce que telle assemblée pourtoict grand domaige à tout le païs pour les forces et violances que s'y cometoient, ou que se preparoient qui ne leur eust resisté, auroict esté besoing dresser forces et compagnies pour la tuition et deffence du reste du pays et metre le camp devant la dicte ville de Villeneufve, pour icelle recouvrer et remetre au premier estat, et donner les champs aux susdictz, qui s'estoient emparés de la dicte ville ; auquel camp, de mandement de messieurs governurs et lieutenentz du roy audict païs se seroient treuvés plusieurs gentilzhommes et compagnies tant à pied que à cheval en nombre d'environ sept à huict mil pour le service du roy, aians demeuré et sostenu devant la dicte ville environ doutze jours ; de manière que après les susdictz tenantz la dicte ville feurent contrainctz la delaisser et s'en despartir, tellement que despuis en sa la dicte ville feust remise à l'hobeissance du roy et en l'exercisse de l'anciene religion catholique et romaine. Aussi a dict luy estre besoing d'attestation comme, au moys de novembre dernier mil cinq centz soixante deux, ledict cappitaine Savinhac acompaignié de six à sept vingtz hommes de guerre tant à pied que à cheval, tenantz le parti de la dicte novelle religion, se seroient emparés du chasteau de Graves les Villefranche et des places et chasteaux de Cenac, Gynal et la Romyguière, pour tenir fort, resister tant à ceulx de la dicte ville que autres sostenans la tuytion et deffence dudict pays pour le roy, lesquelz auroict esté besoing tirer à force d'armes dudict chasteau et aultres places susdictes a cause des folcs, pilleries, meurtres et aultres excès, qu'ilz cometoient ausdicts lieux et circumvoisins ; dont feust dressé semblablement par mandementz de messieurs les governurs et lieutenentz du Roy audict païs ung camp tant de gens de pié que à cheval au devant ledict chasteau de Graves, jusques au nombre d'environ troys ou quatre mil hommes, où auroient esté environ ung moys, jusques à ce que ledict cappitaine Savinhac et ceulx de sa compagnie, pressés tant des bateries que se faisoient contre eux par ceulx dudict camp que au moyen de la famine et deffault de

munitions requises, feust contrainct habandoner ledict
chasteau, pour le remetre en son premier estat. Si a dict
aussi avoir besoing d'attestation comme au moys de may
mil cinq centz soixante deux, ceulx de ladicte novelle religion se seroient emparés du convent des Chartreurs lez
de Villefranche, estans en nombre de mil hommes ; pour
lesquelz repousser feust besoing faire grandes assemblés ;
et aussi comme le cappitaine Duras, au moys d'aoust dernier mil cinq centz soixante deux, tenant ledict parti de
la novelle religion, conduisant avec luy une troupe de gens-
d'armes tant à pied que à cheval, environ doutze mil hommes et dix ou doutze pièces d'artilherie, se seroict emparé
des villes de Lauserte, Caussade, Gordo et Caylux, voisins
et limitrophes dudict païs de Rouergue et aultres villes,
borgs et borgades, pilhant et sacagcant icelles, comis
plusieurs murtres tant ez personnes des prebtres que
aultres, dont tout le reste du païs, environ vingt cinq
lieues, estoict en telle fraieur qu'il estoict besoing, pour se
garentir aux offences et invasions dudict Duras, de se metre en armes et en equitpage pour la tuition et deffence de
tout le païs ; ce que auroict esté faict et mesmes en ce païs
de Rouergue, suyvant le pouvoir donné par le roy et mandement desdicts seigneurs govrnurs, auroient esté dressés
compagnies et garnisons tant ez villes que places fortes dudict païs, au moyen desquelles ledict Duras, ny sa troupe,
ne se seroict aproché et n'auroient passé oultre lesdictes
villes, ains auroict recullé à Montauban et despuis allé à
Orléans. De tout ce dessus a requis estre ouys maistres
Durand de la Sarreta, eagé de cinquante ans, Pons de la
Pierre, eaigé de soixante ans, Paul Marrel de quarante ans,
Françoys Fabri de vingt cinq ans, docteurs et advocatz en
nostre dicte court, sires Jehan Ymbert Dardène de quarante
ans, François Ymbert de quarante ans, Anthoine Colom
de cinquante ans, merchants borgoys de la dicte ville,
maistres Olivier Cayleti de quarante cinq ans, Astorc
Marmieysse de cinquante ans et Pierre Gaffuer de quarante ans, notairez procureurs en nostre dicte court ;
lesquels, moyenant serement par eulx presté, ont dict et

actesté ce dessus estre vray et nothoire tant desdicts camps, posés devant Villeneufve que à Graves, en la manière que dict est, et aussi de la trope et compagnie dudict cappitaine Duras, venu audict païs, et de l'invasion faicte par ceulx de la dicte religion dudict convent des Chartreurx lez Villefranche, disans le scavoir comme habitans de la dicte ville de Villefranche audict païs de Rouergue et pour ainsin l'avoir veu. De quoy ledict de Ferrandier scindic a requis attestatoire et acte luy estre despechée pour luy servir à temps et lieu ; ce par nostre dict...... luy a esté accordé et ordonné, ez presences de maistres Pierre André, Jehan Olivier, Anthoine Buysson, greffiers en nostre dict auditoire ; en tesmoing de quoy à ces presens par notre dict lieutenent signés, le sel royal de nostre seneschaucée a esté mis. Donné à Villefranche, le cinquiesme jour de juing l'an mil cinq centz soixante troys. Dambec lieutenant. Colonges conselier. De la dicte actestation m'appert. Yssanton.

TABLE DES NOMS [1]

A

Appamiensis (sedes episcopalis), xx, xxxvi. Pamiers (Ariège.)

Aquitania, iii. Aquitaine.

Arnaldus, medicus, xi.

Arnaldus, filius Arnaldi de Aurencha, xi.

Arnaldus Cornellii, iv.

Arnaldus de Aurencha, xi.

Arnaldus de Bossagas, magister Rutenensis Hospitalis, xii.

Ar. de Bozigas, xv.

Arnaldus de Brantalono, notarius, vii.

Arnaldus de Castro novo, xviii.

Arnaldus de Escalquencs, xix.

Arnaldus Deide, xvi.

Arnaldus de Roais, de Roaxio, vii, xviii.

Arnaldus de Rover, iv.

Arnaldus de Samatano, xvii.

Arnaldus de Saona, xxii.

Arnaldus de Villanova, pater, xix.

Arnaldus de Villa nova, filius, xix.

Arnaldus Ferrucius, vii.

Arnaldus Frezol, v.

Arnaldus Gaucerannus, v.

Arnaldus Guilabertus, xviii.

Arnaldus Jaculator, viii.

Arnaldus Mainata, consul Tolose et Suburbii, xvi, xix.

Arnaldus Peregrinus, xviii.

Arnaldus Petrus, notarius, xviii.

Arnaldus Ricius, consul Tolose et Suburbii, xvi.

Arnaldus Rogerius, xix.

Arnaldus Rufus, consul Tolose et Suburbii, xvi, xviii.

Arnaldus Salomonis, v.

Arnaldus Sancius de Laurraco, xiv.

Arnaldus Seilanus, ix.

Arnaldus Wilermus de Tudela, xvi.

Arnaldus W^{us} Piletus, consul Tolose et Suburbii, xvi.

Arnautz de Rovinhol, xv.

Artigato (Prior de), xx. Artigat (Ariège).

Astor Marmieysse, xxxviii.

Audivilla (Petrus de), vii, viii. Auzielle (Haute-Garonne).

Augerius, abbas Condomiesis, xxi.

Augustinus (S.), xxvii, xxxiii.

Augustinus de Anchona, xxxiii.

Aurencha (Arnaldus de), xi.

Autgers, frater Gauzbert Sancti Caprasii, ii.

Avaleta (Honor de), xiv. La Valette, canton de Montréal (Aude).

Avignonc (Bernardus Poncius de) xvi. Avignonet canton de Villefranche (Haute-Garonne).

Avinio, xxxiv. Avignon (Vaucluse).

Aymericus de Tureyo, miles, xxix.

Aymo, xxxiii.

Aymundus (Beatus). confessor et rex Anglie, xxvi.

B

B. abbas Sancti Saturnini, xx. Bernard de Genciac.

B. Costacalda, xiii.

B., episcopus Appamiensis, xxxvi. Bertrand d'Ornezan.

B. Ahim den Gautier de Panat, xxiii.

C

Canbol (Ecclesia Sancti Petri de), xxi. Cambot, annexe de Tayrac, canton de Boville (Tarn-et-Garonne).

Caozac (Ecclesia Sancti Caprasii de), xxi. Saint-Caprais de Cauzac, ou Cauzac-le-Vieux, annexe de Saint-Victor, canton de Boville (Lot-et-Garonne).

Caramanni (Gaubertus de), v. Caraman (Haute-Garonne).

Carcassona, xxix. Carcassonne (Aude).

Carlipato (Raimundus Hugo de), xxix. Carlipa, canton de Castelnaudary (Aude).

Casa nova (P. de), xx.

Cassancllo (Stephanus de), xvi.

Castanetum, xix. Castanet (Haute-Garonne).

Castelvernis (Petrus de), xxi.

Castera (Guabriel de Mynut, baron de), xxxviii.

Castorius (S.), xxvi.

Castlar (Sancta Maria de), xii.

Castlario (Rogerius de), xiv.

Castrum Narbonense, ix. Château-Narbonnais, dans Toulouse.

Castro novo (Rus de), xviii.

Castrum novum, xi. Castelnaudary (Aude).

Caunense monasterium, xxi. Abbaye de Caune (Aude).

Cause (Honor de, Peire de), xv. Caux (Aude).

Causitus, iv.

Caussade, xxxviii. (Tarn-et-Garonne).

Cauzanel, xiii. (Aveyron).

Caylus, xxxviii. (Tarn-et-Garonne).

Cazalibus (Aimericus de), xxi.

Celhs, xxxi.

Cénac, xxxviii. Près Villefranche d'Aveyron (Aveyron).

Chartres (Rainoutz de), xxiii. Chartres (Eure-et-Loir).

Chartreuse de Villefranche d'Aveyron, xxxviii.

Ciricus (S.), xxvi.

Clariacensis (abbatia), xxi. Clairac (Lot-et-Garonne).

Clarus mons, xviii.

Claudius (Beatus), martir, xxvi.

Clemens, papa VI, xxxiii.

Cogossac (Honor de), xii. Cougoussac (?), commune de Vabre (Aveyron).

Cogoztic (mansus de), i.

Combelas, Combelis (B. de), xxiii.

Conbabonet (Jordanus de), xxi.

Condomus, Condomensis (abbatia), xx, xxi. Condom (Gers).

Corbatus, xviii.

Cornelius, magister Tolosane domus Hospitalis Jerusalem, v.

Corrunciaco (R. de), iv.

Cossanis (Bernardus, Petrus de), xviii.

Costantinus, consul Tolose et Suburbii, xvi.

Costantis des Bauss, xv.

Cromeiras (Ecclesia de), iii. Saint-Martin-de-Cormières (Aveyron).

Crozilis (decima de), vii.

Cumbaleiras, xii.

Cunno faverio (Wilermus de), xvi.

Cuzorn (Amalvinus de), xxi.

D

D. lo Cappellas, xii.

D. Raines, xii.

D. Rotgiers, xiii.

Dalbis, capellanus B. M. Deaurato, xvi.

Daunas, xi.

David de Roais, de Roaxio , vii, xviii.

Deide, clericus de Mas, ii.

Deide de Buzac, presbiter, ii.

Deide Guifros, ii.

Deide de Valleillas, ii.

Deismas (Guichartz de), vi.

Deodatus Armandi, vi.

Deodatus de Bono loco, vi.

Deodatus Guirfredi, i.

Deodetus, Rûthenensis ecclesie sacrista et canonicus, iii.

Deurde, capella, xiii.

Deurde, fils de Deurde de Boloc, xiii.

Deurde, fraire de Guillems del Mas, xiii.

Deurde de Boloc, xiii.

Dies, uxor Poncii Rubei, xvi.

Doatus, prior de Burgo, xxi.

Dominicus, ordinis Predicatorum, Appamiensis episcopus, xxx. Dominique Grima.

Donat, xxiii.

Dozinchis (domus de), xxix. Maison de l'Hôpital, à Douzens (Aude).

Durandus, infirmerius Hospitalis, xxii.

Durandus de Viridifolio, viii.

Durand de la Sarreta, xxxviii.

Durantz de Marcorba, vi.

Duras, cappitaine de la novelle religion, xxxviii.

E

Ebroilense cenobium , iii. Abbaye d'Ebreuil (Allier).

Ector, Ruthenensis ecclesie canonicus, iii.

Egidius (Beatus), abbas, xxii.

Elna (Ecclesia de), iii. Lenne (Aveyron).

Elnonense Monasterium , xii. Elne (Pyrénées-Orientales).

Emiscus juncte, xxix.

Englesia, uxor R¹ Guilaberti, xvii.

Escalquencs (Bertrandus de), xix. Escalquens (Haute-Garonne).

Esclarmonda, uxor Isarni Fabri, viii.

Esteve Cavilla, ii.

Estolz de Sancto Caprasio, xii.

Eugenius papa, iii.

Eustache Morel, bailli de Senlis, xxxv.

Exiensis (abbatia), xxi. Essine, près de Villeneuve-d'Agen (Lotet-Garonne).

Exuperius (Beatus), xxvi.

F

Fabregua (mansus de la), I.

Faet, II.

Faiola, XII.

Famagustanus (Johannes Pasca de Baro, cantor), XXII. Arsinoë, Chypre.

Fanijovis (Ecclesia), Bernardus, Gualardus, XI, XIV. Fanjeaux (Aude).

Felgairolas, I.

Ferrussac (Ecclesia Sancte Marie de), XXI. Ferrussac, annexe de Saint-Maurin (Lot-et-Garonne) ; ancien chef-lieu de l'archiprêtré de ce nom.

Fespogh (castrum de), XXI.

Filgarda, XVIII.

Firmo (Acurcurus de), XII. Fermo, Italie.

Florentia, soror Raimundi Petri de Sancto Caprasio, I.

Font bona (Bernartz de), VI.

Fortunatus, XXVII.

Fraisses (Ecclesia de), XXI. Fraysses, annexe de Puymirol (Lot-et-Garonne).

Françoys Fabri, XXXVIII.

Françoys Gineste, XXXVIII.

Françoys Ymbert, XXXVIII.

Francus de Monte albano, XXI.

Fulco, episcopus Tolosanus, VI, VII, XV, XVI, XVIII, XIX.

Fulco, XXIX.

Fulco de Tornacho, XXIX.

Fulcrandus episcopus, Tolosanus, VII, VIII, IX, XI.

Fumello (R^{us} de), XVII.

G

Gaius (S.), martir, XXXVI.

G. Carreira, XXIII.

G. de Combelas, XXIII.

G. Ramondi, XXIII.

Gadilhac (Raimundus de), XXI.

Galabrunus, prior Sancti Caprasii de Agenno, XXI.

Galitia, XXVI. Galice, Espagne.

Gallis Gairaldi, XVIII.

Galterius de Taliva, canonicus Agennensis, XXI.

Gandalha (Ecclesia de), XXI. Gandailhe, canton de Boville (Lot-et-Garonne).

Gardogio (Petrus de). Gardouch,

canton de Villefranche (Haute-Garonne).

Garguilhvila (Ecclesia Sancti Pardulphi de), XXI. Eglise détruite, située probablement entre Perville et Ferrussac.

Garrigiis (Johannes de), XIX.

Garsioss, XV.

Gassianus de Frontinhac, XXI.

Gausbertus de Caramanni, V.

Gausbertus Gerral, miles, XXI.

Gausfredus, Ruthenensis ecclesie cancellarius, III.

Gauthier de Panat, XXIII.

Gauzbert Sancti Caprasii, II.

Gauzbertz de Sain Caprasi, XIII.

H

I

J

L

Lalanda (Ecclesia Sancti Petri de), XXI. Lalande, commune de Goudourville (Tarn-et-Garonne).

Lamuel (Martinus de), XVI.

Landrevila (Bertolmeu, P. de), XXIII.

Lator (B. de), XII.

Laurosio (castrum de), XXXI. Lauroux (Hérault).

Laurraco (Arnaldus Sancius de), XIV. Laurac-le-Grand (Aude).

Lauzerte, XXXVIII. (Lot).

Leus (Wᵘˢ de), XVI. La Madeleine (Haute-Garonne).

Luitbrandus, XXVII.

Lodeiras (B. de), XII.

Lodova, Lodovensis ecclesia, XXXI. Lodève (Hérault).

Lodovicus, rex Francorum et dux Aquitanorum, III, IV, V.

Lodovicus, rex Francorum, XVIII, XIX.

Longaniaco (Sancta Maria de), III. Notre-Dame de Lugagnac, chapelle située autrefois sur la paroisse de Saint-Martin de Cormières (Aveyron).

Ludovicus rex, I.

Luganno (Bernardus, Petrus de), VIII.

Lumbardia, XXVII. Lombardie.

Luzenso (Willermus de), XII. Saint-Georges-de-Luzençon (Aveyron).

M

Macdarc, II.

Magaval (Ecclesia Sancti Juliani de), XXI. Saint-Julien de Maquaval, Saint-Léger de Magnaval dans le pouillé de Mascaron, diocèse d'Agen.

Magister Sententiarum, XXXIII.

Malbosc, XIII.

Maneta, XIII.

Manicheus, XXVII.

Mansi (mensura), XI.

Mansio (Petrus de), XXXI.

Marcorba, VI, XIII.

Maria de Salis, XIV.

Marniaco (Ecclesia de), III. Marnhac, commune de Saint-Geniez d'Olt (Aveyron).

Martinus hyemalis (Beatus), XXXII. La fête de Saint-Martin d'hiver, 11 novembre.

Martinus de Lamuel, consul Tolose et Suburbii, XVI.

Martinus de Sancto Martino, notarius, IV.

Mas, II.

Mas (Guillems del), XIII.

Maurandus, XIX.

Marvilar, VII, XVIII.

Mazeto (Willermus de), XXI.

Mediolanum, XXVII. Milan, Italie.

Monica, XXVII. Sainte Monique.

Monte albano (Francus de), XXI. Montauban (Tarn-et-Garonne).

Mons aldron, VII. Montaudran (Haute-Garonne).

Mons bocrius, XVIII.

Mons esquivus, VII.
Mons totinus, XIX.
Montauban, XXXVIII.
Monte totino (Guillermus de), VIII.
Mont agud (Wus de), XI.
Mont aut (P. de), XII.
Morer, II.
Motoneira (Hodes de la), XXIII.

Morlanis (Wus Poncius de), XIX. Morlaas (Basses-Pyrénées).
Moysen lo Sartre, XXIV.
Moyses, XXXIII.
Moysiacensis abbatia, XXI. Moissac (Tarn-et-Garonne).
Murellum, XVI. Muret (Haute-Garonne).

N

Najac (castel de, castrum de), XXIII, XXVIII. Najac (Aveyron).
Narbona, XIV. Narbonne (Aude).
Nemore (Wus de, Petrus de), IX, XIX.
Nicholaus de Ruthena, canonicus Lodovensis ecclesie, XXXI.

Noerio (Poncius Arnaldus de), XIX.
Noguerii condamina, XVII.
Novicio (Raymundus de), XXX.
Nychostratus (Beatus), XXVI.

O

Odo, archidiaconus Agennensis, XXI.
Ollisfractis (Bertrandus de), XIV.

Olivier Cayleti, XXXVIII.
Orléans, XXXVIII.
Osvila, VII.

P

P., Ruthenensis ecclesie episcopus, III.
P., prior de Artigato, XX.
P., officialis Agennensis, XXI.
P. Ademar, XXIII.
P. Blegier, de l'orde dels Prezicadors, XXIII.
P. de Combelas, XXIII.
P. Donat, XXIII.

P. de Landrevila, cavalier, XXIII.
P. de Mont aut, XII.
P. de Podio, XX.
P. Ribeira, XXIII.
P. Sanchas, cappellan de San Jolia, XXIII.
Pagenx, XXIII.
Palacio (Ugo et Wur de), XVIII.
Panat (Gauthier de), XXIII.

Petrus Vitalis, macellarius, consul Tolose et Suburbii, xvi.

Petrus Wilermi Pilistorti, ix.

Petrus W⁼ˢ Gausbertus, consul Tolose et Suburbii, xvi.

Phelip Polier, notari, xxiii.

Phelips de Boissi, xxiii.

Philippus (S.), xxvi.

Philippus, Francorum rex, iv, vii, viii, ix, x, xi, xiv, xv, xvi, xvii, xviii, xxix, xxxi.

Philippus de Monte forti, dominus Tyri, xxii.

Philippus Gaita Podium, xviii.

Picarela, xiv.

Pierre André, xxxviii.

Pierre Gaffuer, xxxviii.

Pierre Robert, xxxviii.

Planea (Bernardus de), ix.

Podio (mansus de), i.

Podio (Johannes, Guillelmus de P. de), xx, xxxi.

Podiumbonum, ix. Pechbonieu (Haute-Garonne).

Podium siuranum, Pueg ciura, xi, xv, xvi. Pexiora (Aude).

Poiabo, vii.

Poigcelsi, xxiii. Puycelsi (Tarn).

Poncianus, xxvii.

Poncius, i.

Poncius Aimericus, viii.

Poncius Arnaldus, xix.

Poncius Arnaldus de Noerio, xix.

Poncius Astro, xvi, xvii.

Poncius Berengarius, xvi, xvii.

Poncius Capellanus, frater Hospitalis Jherusalem de Tolosa, xvii.

Poncius de Bozonie, x.

Poncius de Capite denario, xvi, xvii.

Poncius Gairaldus, xix.

Poncius Guillermi, iv.

Poncius Guitardus, xvii.

Poncius Helias, notarius, vii.

Poncius Jordani, v.

Poncius Mancipius, consul Tolose et Suburbii, xvi.

Poncius Rogerius de Burcafolis, x.

Poncius Rubeus, xvi.

Poncius Stephanus, notarius, xix.

Poncius de Varanhano, xvi.

Poncius Vezianus, xviii.

Poncius Vitalis, iv.

Pons Cledarn, xxviii.

Pons novus Tolose, xvi.

Ponte (Bernardus Ramundus de), xix.

Ponte (castrum de), xii.

Ponte Labeg (W⁼ˢ de), xi.

Ponte Pertusato (condamina de), xviii.

Ponte (Petrus de), xvi.

Pontius de Pestilhac, abbas Clariacensis, xxi.

Poret (Auzedas del), xiii.

Portus Sancte Marie, xxi. Port-Sainte-Marie (Lot-et-Garonne).

Pozano (Bertrandus de, Ramundus Arnaldus), xvi, xix.

Pozeran (Petrus de), x.

Prinhaco (W⁼ˢ Poncius de), xvi.

Prolano (Beata Maria de), xiv. Notre-Dame de Prouille (Aude).

R

R. Bardet, notari, xxiii.

R. Cappella, jutgue del senihor senescalc, xxiii.

R. de San Caprasii, xii.

R. Ferranz, xii.

R. Gaita podium, v.

R. Rotbertus, notarius, vii.

R^us, episcopus Tolosanus, xviii.

R^us Athonis, abbas Santi Saturnini, xxxii.

R^us Auriollus, xviii.

R^us de Castro novo, xviii.

R^us de Fumello, xvii.

R^us Laureti, xxxii.

R^us Robertus, xvii.

Raimundo Ispaniolus, xi.

Raimundus, notarius, xxix.

Raimundus, Ruthenensis ecclesie canonicus, iii.

Raimundus, Tolosanus comes, iv, v, vii, viii, ix, xi, xv, xvi, xviii, xix. Raymond VI.

Raimundus Barravus, xvi.

Raimundus Bernardus de Sancto Barcio, xvi.

Raimundus de Bovilla, canonicus Agennensis, xxi.

Raimundus Donatus, xvi.

Raimundus Donatus, notarius, xix.

Raimundus Ermengavi, viii.

Raimundus Ferrandus, xiv.

Raimundus de Gadilhac, xxi.

Raimundus Guilabertus, xvii.

Raimundus Hugo de Carlipato, clericus, xxix.

Raimundus Johannes, viii.

Raimundus Petri de Sancto Caprasio, i.

Raimundus Pullerius, consul Tolose et Suburbii, xvi.

Raimundus Rubeus de Banquis, xvi.

Raimunz Sancti Feliz, ii.

Rainoutz de Chartres, de l'orde dels Prezicadors, xxiii.

Raisac (Vilelms de), ii.

Ramun Peire, ii.

Ramundus, frater Petri de Roais, iv.

Ramundus, frater Petri de Rover, iv.

Ramundus, Tolosanus comes, iv. Raymond V.

Ramundus, episcopus Tolosanus, iv, vii.

Ramundus, episcopus Tolosanus, xix.

Ramundus, episcopus Tolosanus, vii.

Ramundus Arnaldi, filius Bernardi Parcarii, iv.

Ramundus Arnaldus de Pozano, xix.

Ramundus Bertrandus, iv.

Ramundus Bertrandus de Suburbio Tholose, xix.

Ramundus Carabordas, xix.

Ramundus Centullus, xix.

Ramundus de Corrunciaco, iv.

Ramundus de Monte totino, xix.

Ramundus de Roais, vii.

Raimundus de Sagrassa, xi.

Raimundus de Salto, sacrista, xvi.

Ramundus de Sancto Cezerto, xix.

Ramundus Vitalis, iv.

Ratmunz Galgers, ii.

Raymundus Andree, canonicus Lodovensis, xxxi.

Raymundus de Novicio, canonicus Lodovensis ecclesie, xxxi.

Ricart, xxiii.

Ricarda, mater Esclarmonde, viii.

Ricartz de la Peira, xiii.

Rivis (Ugo, Bertrandus de), xiv.

Roais. Voy. *Arnaldus, David, Hugo, Petrus, Ramundus.*

Roaxius. Voyez *Bernardus.*

Rocacor (Sancta Maria de), xxi. Sainte - Marie de Roquecor (Tarn-et-Garonne).

Rocafortis, viii.

Rochetalo (Ber. de la), xiii.

S

V

Valerius, xxvii.

Valleillas (Deide de), ii.

Varanhano (Poncius de), xvi.

Vaure (W⁰ˢ Bernardus de), xviii.

Verdiarius, i.

Verzols, i. Versols (Aveyron).

Victoria (S.), xxvi.

Vilelms del Morer, ii.

Vilelms de Raisac, ii.

Villa arsa, i.

Villa nova (Arnaldus Stephanus, de), xix, xvi.

Villeneufve xxxviii. Villeneuve-d'Aveyron (Aveyron).

Vindemiis (Petrus de), xvi.

Viridifolio (Durandus de), viii. Verfeil (Haute-Garonne).

Vitalis, frater P. de Podio, xx.

Vitalis, capellanus ecclesie Beate Marie Dealbate, xvi.

Vitalis de Casa nova, miles, xx.

Vitalis de Insula, xiv.

Vitalis Guinonus, viii.

Vitalis Willermi, xix.

Vitalis W⁰ˢ, consul Tolose et Suburbii, xvi.

W

W. de Agassag, v.

W., Ruthenensis ecclesie canonicus, iii.

W⁰ˢ Aimericus, xvii.

W⁰ˢ Auriollus, xix.

W⁰ˢ Bernardus de Vaure, xviii.

W⁰ˢ de Castro novo, filius Arnaldi de Castro novo, xviii.

W⁰ˢ de Leus, xvi.

W⁰ˢ de Mont agud, commendator ospitalis Podii Siurani, xi.

W⁰ˢ de Nemore, xix.

W⁰ˢ de Palacio, filius Ugonis de Palacio, xviii.

W⁰ˢ de Ponte Labeg, xi.

W⁰ˢ de Sancto Petro, publicus notarius, xvi.

W⁰ˢ de Turre, frater Johannis de Turre, xix.

W⁰ˢ Petrus Baravus, xvi.

W⁰ˢ Poncius, xvii.

W⁰ˢ Poncius de Morlanis, xix.

W⁰ˢ Poncius de Prinhaco, consul Tolose et Suburbii, xvi.

W⁰ˢ Ramundus Calhavus, xix.

W⁰ˢ Sutor, xi.

Wilelmus Singlerii, viii.

Wilermus Aimericus de Pegulano, xvii.

Wilermus Arnaldus, parator, xvi.

Wilermus de Cunno faberio, xvi.

Wilermus Mancipius, ix.

Wilermus Mascalquus, xvii.

Wilermus de Sancto Paulo, xviii.

Wilermus Seilanus, xi.

Wilermus de Ulmo, notarius, xviii.

Willems B. d'Aicxs, de l'orde dels Prezicadors, xxiii.

Y

TABLE DES MATIÈRES